JN297599

土木技術者の倫理を考える
3.11と土木の原点への回帰

Discussions in Ethics for Civil Engineers
− March 11th, 2011 and Returning to the Beginning of Civil Engineering −

JSCE

(公社)土木学会
倫理・社会規範委員会　倫理規定教材作成部会

発刊によせて

土木学会 103 代会長
廣瀬　典昭

　技術者倫理は、国の内外を問わず、いつの時代も、社会資本整備を担う土木技術者にとっての、守るべき最重要事項の一つである。我が国においても、1938 年、土木学会が、土木技術者の守るべき技術者倫理を浸透させるために、「土木技術者の信条および実践要綱」を制定した。これには、その制定の委員長であった青山士の倫理観が色濃く反映されている。

　社会の進展と共に、社会資本に対する要請も、その取り組み方も変化し、それに影響され新たな倫理問題が発生する。我が国の建設事業は、戦後の高度成長期を通じて社会が必要とするインフラ整備に邁進してきたが、90 年代の景気の低迷期に入り、公共事業に対する社会の目も厳しくなり、そのほころびがコンプライアンス問題となって表面化し始め、建設産業は体質改善をせまられることとなった。また、世界規模での人間活動の活発化にともなう環境問題も顕在化し、自然との共生が叫ばれるようになった。土木学会もこのような社会情勢の変化を受け、倫理規定の改定の必要性を感じ、1999 年、「土木技術者の倫理規定」を制定し仙台宣言として世に著した。そして、その精神を一人ひとりの技術者の行動レベルに落とし込むために、多くの事例分析を盛り込んだ「土木技術者の倫理」を 2003 年に発刊した。

　倫理規定制定後、約 10 年経過した 2011 年 3 月に発生した東日本大震災とそれに伴う原子力発電所の事故により、土木技術者は、あらたな課題を突き付けられることになった。それは、一言で言えば、国民の生命・安全を確保するために、起こりうる現象をすべて想定したうえで、社会資本整備に携わるものとして、それを工学的そして社会科

学的にどのように取り扱うべきかという、技術者としての基本的姿勢に関わるものであった。土木学会としては、これを受け早速内部に専門委員会を設置し、創立100周年を機に、持続的社会の礎を築くという社会的使命を負う土木技術者を念頭におき、それに即した倫理規定に改定した。そして、その実践の手引きとして、今般、本書「土木技術者の倫理を考える」をとりまとめた。

　本書においては、なぜ、土木技術者にとって倫理が必要なのか、それをどのように規定化するべきか、その思想を一人ひとりの技術者にどのように植え付けるかなどについて、前回の「土木技術者の倫理」のレビューも含め詳細に解説している。そして、前回同様、今日の倫理問題のいくつかの具体的事例を取り上げ、新たな倫理規定に照らして問題点を明確化し、さらに問題の本質を深掘りし考察を加えている。

　倫理は、技術者のみならず、人類にとっての永遠の課題でもある。そして、倫理は、罰を持って姿勢を正す法と異なり、一人ひとりの内面に働きかけ自律的行動を促すものであり、自ずとその浸透、徹底には時間を要し、教育的観点からの取り組みが不可欠である。本書を、日常の様々な場面で、土木技術者の倫理の醸成の一助として、役立てていただければ幸いである。

まえがき

　2006年12月、濱田政則94代会長が会長特別タスクフォースの提案の一つとして、倫理に関する常設委員会設置を提示した。そして、土木界の倫理・社会規範に関わる重大な問題などに対する外部への見解の表明、会員の倫理的行動に対する顕彰、会員の懲戒処分等の活動を行う倫理・社会規範委員会の活動の端緒がここに開かれた。これを受けて、2007年7月、石井弓夫95代会長の時代には、懲戒顕彰WGが設置され、倫理問題に会員等が関わった場合の対応についての議論が始まった。いくつかの学協会で懲戒に関する規程が定められ運用もされている中で、土木学会がどうするべきかの議論は白熱し、続く栢原英郎96代会長時代まで活発な議論が戦わされた。「不心得者はいない組織である」ことを担保する規定と考えることができる定款における除名規定以外に、懲戒処分に関する規定が存在しない状態に対して「刀だけは用意しておこう」という方針で慎重な議論がなされた。そして、近藤徹97代会長時代である2009年9月に「土木学会の規範に関する規程」が制定された。併せて、この頃、教育小委員会等から「土木技術者の倫理規程」の改定の議論が表面化した。しかし、決定的な改定の必要性を特定できず、議論は集約されなかった。

　阪田憲次98代会長時代にも継続して議論と調査が続けられていたが、2011年3月11日、あの東日本大震災が発生した。そして、まさにこれが改定議論の本格化の引き金となった。委員会内において改定の検討が深まり、「倫理綱領」と当時の「倫理規定」との継続性に配慮すること、研究倫理の重要性の認識、東日本大震災を経て土木技術者の役割を明確に社会に発信すること、個人の倫理性を高める表現とするよう配慮すること、啓発や教育における利用しやすさに配慮することなどの基本的方針を定め、本格的な調査検討が続いた。

　2012年5月、山本卓朗99代会長はこれらの成果を受けて、委員会内に倫理規定改定検討部会（部会長：依田照彦早稲田大学教授）を設置

するよう指示し、規定の改定の必要性の有無、規定の構成・内容・表現の観点から、学会内外の意見が集約された．そして、倫理綱領と行動規範からなる、簡潔でしかも自律的に倫理観を高めるような規定とする方針と、その具体的内容を検討する特別委員会の設置が部会より答申された。これを受けて、2013年5月、小野武彦100代会長の下に、倫理規定検討特別委員会（委員長：阪田憲次98代会長）が設置された。

　阪田委員長のリーダーシップの下での約1年間の特別委員会の活動の成果として、2014年5月、橋本鋼太郎101代会長時代に新しい規定が決定された。そして、磯部雅彦102代会長時代である2014年11月、学会創立100周年事業の一環として、記念式典において英文版と共に新しい倫理規定が国内外に広く公表された。併せて、新たな倫理規定の理念を広く周知するとともに啓発活動に活用することを想定して、本書の執筆・編集活動が2014年6月には開始されていたのである。

　このように、濱田94代会長から数えてちょうど10代の会長の時代を経て、倫理・社会規範に関する学会の基本姿勢が規定され、倫理規定が改定され、その改定の理念を伝える本書が廣瀬典昭103代会長の下で発行されたわけである。そのすべてに関わることができたことは光栄であったが、力量不足を痛切に感じ続けた10年でもあった。

　本書は、倫理・社会規範委員会が設置される以前から継続的に活動してこられた倫理教育に関する紹介を含め、ここに記したほぼすべての活動の在り様と結果を読者に伝えるとともに、新たな規定を用いて若い学生や技術者が考え、学習するための素材を提供したものである。

　倫理・社会規範に関する諸基盤の上に、啓発活動を含む倫理プログラムを構築するとともに、すべての土木技術者を対象としてそれを実質化させることが次の課題である。そのためには、倫理・社会規範分野のコミュニティを今一層充実させることが急務であると感じており、若い人たちとともに議論し、そして活動するコミュニティへと成長することを願っている。

倫理規定教材作成部会
部会長　　皆川　勝

土木技術者の倫理規定

平成 11 年 5 月 7 日　制定
平成 26 年 5 月 9 日　改定

倫 理 綱 領

土木技術者は、
土木が有する社会および自然との深遠な関わりを認識し、
品位と名誉を重んじ、
技術の進歩ならびに知の深化および総合化に努め、
国民および国家の安寧と繁栄、
人類の福利とその持続的発展に、
知徳をもって貢献する。

行 動 規 範

土木技術者は、

1. （社会への貢献）
   公衆の安寧および社会の発展を常に念頭におき、専門的知識および経験を活用して、総合的見地から公共的諸課題を解決し、社会に貢献する。

2. （自然および文明・文化の尊重）
   人類の生存と発展に不可欠な自然ならびに多様な文明および文化を尊重する。

3. （社会安全と減災）
   専門家のみならず公衆としての視点を持ち、技術で実現できる範囲とその限界を社会と共有し、専門を超えた幅広い分野連携のもとに、公衆の生命および財産を守るために尽力する。

4. （職務における責任）
   自己の職務の社会的意義と役割を認識し、その責任を果たす。

5. （誠実義務および利益相反の回避）
   公衆、事業の依頼者、自己の属する組織および自身に対して公正、不偏な態度を保ち、誠実に職務を遂行するとともに，利益相反の回避に努める。

6. （情報公開および社会との対話）
   職務遂行にあたって、専門的知見および公益に資する情報を積極的に公開し、社会との対話を尊重する。

7. （成果の公表）
   事実に基づく客観性および他者の知的成果を尊重し、信念と良心にしたがって、論文および報告等による新たな知見の公表および政策提言を行い、専門家および公衆との共有に努める。

8. （自己研鑽および人材育成）
   自己の徳目、教養および専門的能力の向上をはかり、技術の進歩に努めるとともに学理および実理の研究に励み、自己の人格、知識および経験を活用して人材を育成する。

9. （規範の遵守）
   法律、条例、規則等の拠って立つ理念を十分に理解して職務を行い、清廉を旨とし、率先して社会規範を遵守し、社会や技術等の変化に応じてその改善に努める。

土木学会「土木技術者の倫理規定」改定の趣旨

　1938年（昭和13年）、土木学会は、「土木技術者の信條」及び「土木技術者の實踐要綱」（以後、「土木技術者の信条および実践要綱」と記す）を制定した。それは、第23代会長青山士の会長就任時の抱負を受けて検討された結果である。その目的は、土木技術者の品位を高め、技術者の矜持と権威を保ち、一方で青年技術者の指導方針とすることにあった。また、土木の特徴である総合性や社会との深い関わりから、土木技術者の義務の遂行においては、公衆の安全、福利を最優先するという考えに基づくものである。明治維新以来、わが国の近代化に貢献してきた土木技術者が、その「技術者集団」としての要件を整える柱として、他学協会に先駆けて倫理規定を制定した高邁な見識は、我々の誇りとするところである。

　1999年（平成11年）、土木学会は、「土木技術者の信条および実践要綱」を、その基本的な精神を引き継ぎながら時代の要請に沿うものとして改定し、「土木技術者の倫理規定」を制定した。それは、20世紀末の時代背景の影響によるもので、公共工事における不祥事に端を発した技術者への不信、技術に対する批判に応えるとともに、地球環境問題への対応という新たな課題に応え、現在および将来の土木技術者が担うべき使命と責任の重大さを認識した結果である。

　以来10年余が経過し、土木および土木学会を取り巻く環境は大きく変化した。国家財政の逼迫、少子高齢化、社会基盤の老朽化、地球温暖化と災害の巨大化、そして2011年3月11日の東日本大震災の発災である。マグニチュード9.0、最大震度7の大地震、高さ10mをはるかに超える巨大津波および原子力発電所事故により、2万人を超える犠牲者が出た。深い悲しみと喪失感、土木技術者としての責任を果たすことのできなかった悔恨と無念さとともに、人々と社会の安全を守る土木はどうあるべきかが問われた巨大災害である。

2014年（平成26年）、土木学会は創立100周年を迎える。それを機に、土木の原点への回帰が求められているが、それは、土木100年の営為を振り返り、土木とは何か、土木技術者はどうあるべきかを考え、次の100年を展望することである。このような機会に、「美しい国土」「豊かな国土」そして「安全な国土」の構築、さらに、地球温暖化に対する緩和策および適応策としての持続可能な社会の構築という社会的使命を担う土木技術者にふさわしい倫理規定を模索することは意義のあることである。それは、土木事業を担う技術者、土木工学に関わる研究者等によって構成される土木技術者が、自己の社会的責任を認識し、それに基づいていかに行動すべきかを、自ら考えることができる規範を求めることである。

　このような背景の下、土木学会は、「土木技術者の信条および実践要綱」以来の精神を引き継ぐとともに、公益社団法人として、社会に開かれた倫理規定を求め、「土木技術者の倫理規定」を改定した。

平成26年5月9日

土木技術者の倫理を考える －3.11と土木の原点への回帰－

公益社団法人　土木学会
倫理・社会規範委員会　倫理規定教材作成部会

【役職】	【氏名】	【所属】
部会長	皆川　勝	東京都市大学
委員	岡村　美好	山梨大学大学院
委員	柴田　尚規	株式会社長大
委員	富岡　美樹	株式会社大林組
委員	藤井　聡	京都大学大学院
委員	本多　伸弘	清水建設株式会社
委員	丸山　信	福田道路株式会社
委員	吉田　陽一	株式会社大林組

【執筆担当】

　　皆川　勝　　第2編4章、第3編2章、第4編2章、資料4
　　岡村　美好　第1編1、2、3章、第4編2章
　　柴田　尚規　第4編2章、資料6
　　藤井　聡　　第2編1、2、3章
　　本多　伸弘　第3編1章、第4編2章、資料1、2、3、5
　　丸山　信　　第3編3章、第4編2章、資料7
　　吉田　陽一　第4編2章
執筆協力　古木　守靖　第4編1章

【全体編集】

　　富岡　美樹

土木技術者の倫理を考える　－3.11と土木の原点への回帰－

目　次

第1編　技術者倫理の必要性
　1章　技術者倫理とは何か …………………………… 2
　2章　なぜ技術者倫理が求められるのか ……………… 7
　3章　自律した技術者となるために …………………… 15
　4章　まとめに代えて …………………………………… 20

第2編　土木技術者の倫理規定
　1章　土木とは …………………………………………… 26
　2章　土木技術者とは …………………………………… 28
　3章　倫理規定の概念 …………………………………… 31
　4章　倫理規定の解説 …………………………………… 33

第3編　倫理・社会規範に関する活動
　1章　倫理教育に関する活動紹介 ……………………… 46
　2章　規範に関する規程 ………………………………… 50
　3章　「社会安全」に関する活動 ……………………… 53

第4編　技術者の倫理に関する研究
　1章　東日本大震災原子力発電所事故の教訓 ………… 62
　2章　土木技術者の倫理に関する事例研究 …………… 72

資料編
　資料1　土木技術者の倫理規定（英文版） …………… 126
　資料2　土木技術者の倫理規定（1999年） …………… 129
　資料3　土木技術者の信条および実践要綱（1938年） …… 132
　資料4　倫理規定制定の経緯 …………………………… 133
　資料5　倫理規定検討時に寄せられた意見 …………… 154
　資料6　他の学協会の倫理規定との比較 ……………… 160
　資料7　「土木」の由来 ………………………………… 168

第1編　技術者倫理の必要性

第1編 技術者倫理の必要性

1. 技術者倫理とは何か

1.1 日本における技術者倫理の歴史 [1]

　日本で最初の技術者倫理綱領は、1938年に土木学会が制定した「土木技術者の信条および実践要綱」である。その後は、1961年に日本技術士会による「技術士倫理要綱」が制定され、1990年以降になって学協会等の技術者集団における技術者倫理綱領の策定および技術者倫理教育の実施が行われるようになった。

　大学等の高等教育機関における技術者倫理教育の実施は、1999年に日本技術者教育認定機構（The Japan Accreditation Board for Engineering Education：JABEE）が設立されたことに始まる。JABEEでは、技術業を「数理科学、自然科学および人工科学等の知識を駆使し、社会や環境に対する影響を予見しながら資源と自然力を経済的に活用し、人類の利益と安全に貢献するハード・ソフトの人工物やシステムを研究・開発・製造・運用・維持する専門職業」とし、技術者を「技術業に携わる専門職業人」として明示し、認定を希望する大学における学習・教育目標の一つとして「技術が社会や自然に及ぼす影響や効果、および技術者が社会に対して負っている責任に関する理解」を示し、これを技術者倫理とした。

　技術者倫理に関する書籍も数多く出版[2]され、技術者倫理の定義も示された。札野[3]は、社会と科学技術の関係を考察し、21世紀の高度科学技術社会の最先端を担う技術者は、「単なる専門分野の知識と能力に秀でたエキスパートではなく、科学技術分野以外の『価値』の本質を理解し、科学技術上の解決と、それがもたらす環境・社会・文化・経済・政治などへの広範な影響との適切なバランスを取りながら、的確

な『(価値) 判断』に基づいた意思決定を行うことができる『エンジニア (技術者)』である」とした。倫理については、「ある社会集団において行為の善悪や正不正などの価値に関する判断を下すための規範体系の総体、およびその体系についての継続的検討という知的行為である」と定義した。

そして、技術者倫理については、「技術者が、ある社会集団において、研学、経験、実務を通して獲得した数学的・科学的知識を駆使して、人類の利益のために自然の力を経済的に活用する上で必要な行為の善悪、正不正や、その他の関連する価値に対する判断を下すための規範体系の総体、ならびに、その体系の継続的・批判的検討。さらに、この規範体系に基づいて判断できる能力」であり、「技術の実務を行っていく上で自分自身の行為を設計すること」と定義している。

その一方で、技術者倫理については、不正行為や収賄、談合、セクシャル・ハラスメントなどを予防するための倫理、すなわち「…してはいけない」、「…すべきある」などの規範や法令の遵守を技術者に求めるものという概念もある。これについては、学協会等による技術者倫理綱領の策定とともに環境基本法、製造物責任法、国家公務員倫理法、官製談合防止法、公益通報者保護法等の法令も施行され、倫理観の高い技術者の育成が図られてきた。

そして、2011年3月、東北地方太平洋沖地震および福島第一原子力発電所事故 (東日本大震災) が発生し、技術者倫理綱領の見直し[4]が行われた。

1.2 東日本大震災と倫理綱領の見直し

東日本大震災では、東北地方から関東にわたる太平洋沿岸部が深刻な被害を受け数多くの人命が失われた。そして、4年を経た今、まだ多くの被災者の方々が仮設住宅での生活や福島原発から遠く離れた地での避難生活を余儀なくされている。復興事業はまだ道半ばである。

この震災の何が技術者倫理綱領を見直すきっかけとなったのだろう

か。震災後に行われたアンケート調査等では、多くの人の価値観が変化[5]し、科学技術への信頼感が低下[6]したことを示す結果が得られている。これらは技術者倫理にどのように関連するのだろうか。

以下では、東日本大震災によって変わったという価値観と信頼感について考察することにより、改めて技術者倫理とは何かについて考えたい。

1）価値観（最も大切なものは何か）

まず、価値観について考える前に、価値について考えてみよう。

目の前に複数の選択肢が示され、それらの中から一つを選べと言われたら、何を基準に選択（意思決定）するだろう。それらを比較して自分にとって最も価値がある（役に立つ、利益がある）と判断（期待）したものを選択するのではないだろうか。そして、選択したものから期待通りの価値が得られれば満足するのではないだろうか。

例えば、昼食にカレーとラーメンのどちらにするかと聞かれたら、何を基準に選択するだろうか。価格、量、味、それとも他の人の評判だろうか。人によっては、カレーとラーメンのどちらかという選択の前に、食べるか、食べないかの選択があるかもしれない。満腹な人やカレーもラーメンも嫌いという人には、いずれも価値のないものとなる。一つの事物でも、人が必要としているか否かで価値は異なる。さらに、その事物に何を期待するか、また、その期待が満たされたかによっても価値は異なる。

価値は人の感覚であるが貨幣に置き換えて比較される。事物の価格は提供する側が決める価値であるが、最終的な価値はその事物を受け取る側の判断基準で決まる。何としても手に入れたいものに対しては「金に糸目はつけない」ということがある。通常、希少なもの、貴重なものの価値は高くなる。

しかし、貨幣で置き換えることが困難なものもある。人や動物の命、人とのつながり、日常の生活、地域の文化・伝統・自然等は貨幣に置き換えることは困難である。これらは当たり前に存在しているものの

価値であり、その多くは失ってしまうと二度と取り戻すことはできないものである。仮に取り戻すことができるとしてもそれは容易なことではない。これらは存在することに価値があり、過去から様々な人々の価値の中で淘汰された普遍的な価値といえよう。

「安全」も平穏な日常ではその価値を忘れがちである。東日本大震災では巨大津波や原発事故によって多くの人々の「安全」が失われた。人々の命や日常の生活を守るための「安全」について、その価値の高さが再認識された。

個人の価値に対する感覚は、人が成長する過程における慣習やしつけなどの環境によって形成され価値観となる。したがって、価値観は個人によって異なり、さらに個人の成長の状況によって、家庭や国家、民族、宗教などの属する社会集団によっても異なると考えることができる。価値観がなければ自分の行為を自らの意思で選択することは困難となる。価値観があることで人は自律することができアイデンティティを築くことができる。

2) 信頼感（人と社会をつなぐ力）

東日本大震災では、インターネットのSNS (Social Network Service) 等によって、一度も会ったことのない世界中の人々とつながり、一つの社会的集団が形成されたように感じた。そこでのつながりは情報の発信によってもたらされる。何らかの発信された情報に対して反応があれば、つながっているように感じる。情報を発信するときは、その相手からの反応を期待している。いつも期待通りの反応をする相手には信頼感が生まれる。誰からも何の反応もなければ、その集団とのつながりは感じられず、その集団の一員である実感は得られない。

信頼は、その集団で期待される役割（責任）を果たすことによって他者から得られる報酬（価値）である。期待される責任を果たせば信頼というプラスの価値を報酬として得ることができ、果たせなければ不信というマイナスの価値を得ることになる。社会集団において期待される役割がないときは「孤独」や「居場所のなさ」を感じる。

社会集団における責任は、その集団内での立場や上下関係によって異なり、通常、地位が下の人より上の人の方が責任は重く価値も高くなる。例えば、社会集団のリーダーがリーダーとしての役割を果たせなければ、他者からの信頼を得ることは困難となる。

信頼は、人と人、人と社会をつなぐ力ともいえよう。東日本大震災において技術者への信頼感が低下したということは、技術者と社会をつなぐ力が低下したということであり、技術者が期待された役割を果たせていなかったということになる。人々の信頼を回復するためには、人々から期待される役割を果たさなければならない。技術者に期待される役割は何なのだろうか。

1.3 技術者倫理とは

前述の札野による技術者倫理の定義は、東日本大震災を経た今でも変化するものではない。そして、定義に「その体系の継続的・批判的検討」と記されているように、人々の技術者への信頼を取り戻し価値観の変化にも対応するために、技術者倫理綱領は見直されなければならなかった。

さらに、巨大な津波と壊滅的とも思える被災地の状況に対して、震災直後に繰り返し使われた「未曾有」と「想定外」という言葉は技術者たちのアイデンティティを大きく揺るがした[7]、[8]。それまで信念を持って行ってきた技術者としての意思決定（行為）は正しかったのか。これからの震災復興に向けて、技術者たちが自信を取り戻しよりよい意思決定するためには技術者として人々から期待される役割（技術者としての行為の価値）を再確認し共有する必要があった。そのための技術者倫理綱領の見直しでもあった。

もう一度、技術者倫理綱領を読み直してみよう。そこには、技術者にとって価値ある行為とは何かが示されている。技術者としての意思決定において判断に迷うときには倫理綱領と照らし合わせ、より正しい、よりよいと考えられる意思決定を行っていくことで、技術者とし

ての価値観を確立しアイデンティティを築くことが可能となる。

2．なぜ技術者倫理が求められるのか

2.1 社会と技術の変遷

1.1において、日本における技術者倫理の歴史を概観した。ここでは、明治以降の社会と主要な技術の変遷（**表 2-1**）[9)-13)]を考察し、技術者倫理が求められる理由について考えたい。

1）明治時代（1868～1912年）

それまでの鎖国状態から開国が行われたことにより日本と欧米諸国との産業や技術等の格差が認識され、その格差を解消し近代化を図るために、日本国として政府主導による富国強兵・殖産興業策がとられた。多くの外国人技術者が雇われて欧米技術が導入され、政府の直轄事業として鉄道の敷設を始めとする社会基盤整備が進められた。1870年に行政組織としてインフラ整備全般を管轄する「工部省」が設立され、翌年にはその内部機関として工学に関する理論と実務を教授する「工学寮」（後の工部大学校）が設けられた。1879年、工学寮卒業生により工学会（後の日本工学会）が設立された。

2）大正時代（1912～1926年）

明治期に欧米から導入した技術の定着と日本人技術者の育成が進められ、中央集権国家体制による更なる近代化が図られた。1914年には工学会から土木分野を専門とする会員が独立して土木学会が設立された。1923年9月に関東大震災が発生し、その2年後に日本初のラジオ放送局が開局された。

3）昭和初期（1926～1945年）

明治以来の富国強兵・殖産興業策が図られてきたが、1937年に始まった日中戦争により富国強兵に重きがおかれ軍需産業が推進された。1938年には、国家総動員法が施行され、土木学会からは日本で最初の

技術者倫理要綱「土木技術者の信条および実践要綱」が発表された。
4）戦後復興（1945～1955年）
　第二次世界大戦終了後、1947年に日本国憲法が制定されて民主化が進められた。翌年建設省および工業技術庁が設置され、その後、日本国有鉄道や日本電信電話公社の発足とともに国土総合開発法や電源開発促進法などを始めとする各種開発のための法制度が整備された。これによりインフラ整備の主体はそれまでの政府から公社や公団、民間企業に移り、主要な高速道路網、新幹線網の整備、新東京国際空港の開港等、大規模な開発が行われた。
　その一方で、公害病である水俣病やアメリカの水爆実験で日本の漁船が被爆するビキニ被爆事件など、科学技術がもたらす負の価値が表面化し始めた。
5）高度成長期（1955～1973年）
　宇宙を対象とした技術開発が進められ、1957年にロシア（旧ソビエト連邦共和国）による世界初の人工衛星スプートニク1号が打ち上げられ、1969年には米国によるアポロ11号による月面着陸が行われた。
　日本においては、1960年に「国民所得倍増計画」が、1972年に「日本列島改造論」が発表され、経済効率を重視した工業の発展と国土開発が進められた。国産の大型計算機などが発表され、1966年には東海発電所において原子力発電の営業運転が開始された。
　その一方で、水俣病に加えてイタイイタイ病や四日市公害などの公害問題が表面化し、それまでの日本の工業化に対して公害対策基本法等などによる規制が行われるようになった。1972年には国連人間環境会議が開催されて地球規模での環境問題が認識されるようになった。
6）安定成長期（1973～1991年）
　1973、1979年と2度のオイルショック（石油危機）を経験しながらも高度成長期からの大型プロジェクトが展開され、東北新幹線・上越新幹線開通、青函トンネル開通、本州四国連絡橋の開通などが続いた。また、コードレス電話・自動車電話サービスの開始、日本初のワード

プロセッサ発売、科学万博の開催など、人々の生活が科学技術への依存度を高め始めた。

1986年のチェルノブイリ原発事故の発生では、その影響が空間的に拡大するだけでなく未来の世代へも永く続くことが認識された。

7）ポスト成長期（1991〜2014年）

リオデジャネイロ地球サミット、京都議定書議決、持続可能な開発に関する世界首脳会議などが開催され、地球規模の環境問題に対する議論が行われるようになった。また、長良川河口堰反対運動や環境基本法の制定、山陽新幹線コンクリート片落下事故などは、それまで開発を主眼としてきたインフラ整備に対して環境や維持管理といった新たな価値への配慮の必要性を明らかにした。さらに、インターネットの商用化・民営化やiPS細胞の開発など、それまでの概念を覆し社会を大きく変える可能性のある技術、高度で複雑な技術が開発され、かつてない速さで新たな価値が生み出されるようになってきた。

その一方で、ゼネコン汚職問題や東海村JOC臨界事故、三菱自動車リコール隠し問題、耐震強度偽装事件など、企業や技術者の不正や不祥事が相次ぎ、企業の社会的責任が問われるようになった。これらに対し、公益通報者保護法や製造物責任法、国家公務員倫理法などの法律が整備され、企業の不正に対する内部通報者の保護や関係者の法的責任の明確化等が行われた。土木学会等の技術者集団において倫理綱領が制定されて技術者倫理教育も行われるようになり、技術者や企業のコンプライアンスや社会的責任、倫理的問題に対する関心が高まった。

そして、1995年に阪神・淡路大震災が、2011年に東日本大震災が発生した。

表 2-1　日本における社会と技術の変遷（1/4）

時代	社会の動き		土木に係わる事項	
明治時代 1868〜1912	1868	明治元年	1872	日本初の鉄道（新橋−横浜間）開通
	1870	工部省設置	1880	逢坂山トンネル（京都−大津間）開通
	1871	工学寮（工部省内技術者養成機関）設置		
	1879	日本工学会設立	1889	東海道線全線開通
	1886	帝国大学工科大学発足	1890	琵琶湖疎水第一期工事完成
	1889	大日本帝国憲法公布	1900	日本初のコンクリートダム 布引ダム完成
	1894	日清戦争		
	1896	河川法	1908	小樽港北防波堤完成
	1904	日露戦争		
	1910	韓国併合		
大正時代 1912〜1926	1914	第一次世界大戦終戦	1914	土木学会設立
	1923	関東大震災	1916	丹那トンネル着工
	1925	日本初のラジオ放送局開局		
昭和初期 1926〜1945	1929	世界大恐慌	1931	信濃川大河津分水完成
	1931	満州事変	1934	丹那トンネル開通
	1937	日中戦争	1936	関門海底トンネル着工
	1938	国家総動員法	1938	土木学会「土木技術者の信条および実践要綱」発表
	1941	太平洋戦争		
	1945	第二次世界大戦終戦	1942	関門海底トンネル開通
戦後復興期 1945〜1955	1947	日本国憲法	1952	有料道路制度開始/東京国際空港業務開始
	1948	建設省設置/工業技術庁設置		
	1949	日本国有鉄道発足		
	1950	朝鮮戦争/国土総合開発法		
	1952	世界銀行加盟/電源開発促進法/日本電信電話公社設置		
	1953	水俣病		
	1954	ビキニ被爆事件		

表 2-1　日本における社会と技術の変遷 (2/4)

		社会の動き		土木に係わる事項
高度成長期 1955〜1973	1955	神通川イタイイタイ病/日本住宅公団設立/原水爆禁止第1回世界大会	1963	黒部ダム完成
	1956	日本道路公団設立	1964	東海道新幹線開通/首都高速道路「オリンピック関連道路」開通
	1957	スプートニク1号(世界初の人工衛星)打ち上げ	1965	名神高速道路全線開通
	1958	公共水域水質保全法/工場排水規制法	1969	東名高速道路全線開通
	1959	伊勢湾台風	1972	山陽新幹線開通
	1960	国民所得倍増計画/四日市公害		
	1961	日本技術士会「技術士倫理要綱」制定		
	1962	国産初の大型計算機発表/全国総合開発計画/水資源開発公団設立		
	1964	東京オリンピック		
	1965	公害防止事業団設立		
	1966	東海発電所(原子力発電)営業運転開始		
	1967	公害対策基本法		
	1969	アポロ11号月面着陸		
	1970	大阪万博/水質汚濁防止法		
	1971	沖縄返還調印		
	1972	札幌オリンピック/日本列島改造論/国連人間環境会議		
	1973	オイルショック(石油危機)		

表2-1 日本における社会と技術の変遷 (3/4)

		社会の動き		土木に係わる事項
安定成長期 1973〜1991	1979	第2次オイルショック/コードレス電話・自動車電話サービス開始/日本初のワードプロセッサ発売	1978	新東京国際空港（成田）開港
			1982	東北新幹線開通／上越新幹線開通
	1983	技術士法	1988	青函トンネル開通／本州四国連絡橋（児島-坂出ルート、瀬戸大橋）開通
	1985	科学万博		
	1986	スペースシャトル・チャレンジャー号爆発事故/チェルノブイリ原発事故/男女雇用機会均等法		
	1987	国鉄民営化		
	1990	ダイオキシン類発生防止等ガイドライン通知		
	1991	バブル経済崩壊/湾岸戦争/育児休業法		
ポスト成長期（1）1991〜2014	1992	リオデジャネイロ地球サミット	1993	ゼネコン汚職問題
	1993	環境基本法/EC市場統合	1994	関西国際空港開港/長良川河口堰反対運動
	1994	製造物責任（PL）法	1997	北陸新幹線開通/東京湾アクアライン開通
	1995	阪神・淡路大震災/地下鉄サリン事件/介護休業法/インターネットの商用化・民営化	1998	山陽新幹線コンクリート片落下事故
	1997	京都議定書議決	1999	土木学会「土木技術者の倫理規定」制定/本州四国連絡橋（瀬戸内しまなみ海道）開通
	1998	長野オリンピック/特定非営利活動促進（NPO）法		
	1999	国家公務員倫理法/情報公開法/地方分権一括法/民間資金等の活用による公共施設等の整備等の促進に関する法律（PFI法）/東海村JOC臨界事故/日本技術者教育認定機構設立		

表 2-1　日本における社会と技術の変遷 (4/4)

期	年	社会の動き	年	土木に係わる事項
ポスト成長期（2）1991〜2014	2000	公共工事の入札及び契約の適正化の促進に関する法律/三菱自動車リコール隠し問題/雪印集団食中毒事件	2000	土木学会「社会資本と土木技術に関する2000年仙台宣言－土木技術者の決意－」発表
	2001	アメリカ同時多発テロ事件/省庁再編	2003	レディミクストコンクリートへの不法加水問題/落橋防止装置のアンカーボルト施工不良問題
	2002	持続可能な開発に関する世界首脳会議/官製談合防止法	2005	中部国際空港開港
	2003	社会資本整備重点計画法	2011	九州新幹線全線開通/公益社団法人土木学会に移行
	2004	公益通報者保護法/景観法		
	2005	愛知万博/耐震強度偽装事件/公共工事の品質確保の促進に関する法律/道路関係4公団民営化	2012	中央自動車道笹子トンネル天井板落下事故
	2006	iPS細胞の開発	2014	土木学会設立100周年/「土木技術者の倫理規定」改定
	2008	リーマンショック		
	2009	消費者庁設立/「コンクリートから人へ」		
	2011	東日本大震災/福島原発事故		
	2013	国土強靱化基本法/インフラ長寿命化基本計画策定		
	2014	STAP細胞研究不正事件/担い手三法 (公共工事品質確保促進法・建設業法・公共工事入札契約適正化法) 改正		

2.2　幸福な未来を実現するために

　2.1 における明治維新以降の社会と技術の変遷についての考察をもとに、技術者倫理が求められる理由を、技術者の自律とアイデンティティ、変化する価値観と新たな価値、不確定な未来、の3点から考え

たい。

1) 技術者の自律とアイデンティティ

　明治維新以降日本国憲法が制定されるまで、技術開発やインフラ整備等は国家事業であり、技術者には国家の規範に従うことが求められた。日本国憲法制定以後には技術開発等は民間企業等への移行が進められ、日本社会も国際化・多様化への度合いを高めている。

　技術者も国際的なプロジェクトで活躍する機会が増え、価値の高い仕事を行うことが求められるようになってきている。そのためには、自らの信条に基づく価値観を確立しアイデンティティを構築した技術者、すなわち自律した技術者となることが求められる。

　その一方で、インターネット等の情報処理技術の発展によって人々の思考力等の低下が危惧[14]されるようになり、各自の価値観を確立することが困難になってきている。このような状況に対応するためにも技術者倫理が求められている。

2) 変化する価値観と新たな価値

　人々の価値観の変化は東日本大震災だけでなく明治維新、第二次世界大戦、バブル経済の崩壊などとともに起きており、これからも価値観は変わっていくと考えられる。このことにより、現在の価値観に基づいて判断すれば間違ったように見える意思決定も、過去の価値観においては妥当な意思決定であったと考えることができる。それらの先人たちの意思決定の積み重ねによって現在があることに感謝し敬意を払うことはアイデンティティの確立のためにも必要であろう。

　また、科学技術の高度化・複雑化によって人々の生活は科学技術への依存度を高めている。IT化の進展により、技術者が作り出す新たな価値が及ぼす影響は空間的・時間的にも拡大しており、技術者が社会に対して負う責任はますます大きくなっている。

3) 不確定な未来

　科学技術の発展に伴うコンピュータ・シミュレーション技術の進歩は、気象予測や地震予知などの未来の予測も可能とし、あたかも科学

技術によってすべてのものが制御できるような錯覚を起こさせる。しかし、未来の予測は様々な不確定要素について仮説を導入して得られた結果である。未来は確定したものではない。

東日本大震災は現在の科学技術に限界があることを人びとに再認識させた。これからも「未曾有」の異常気象や巨大地震などが発生する可能性はあり、それらをすべて「想定」した構造物の設計は不可能である。

技術者には、未来における様々な不確定要素を理解したうえで、次の世代の人々が幸福な未来を実現できるような意思決定をする覚悟とともに、未曽有や想定外の状況に直面しても臨機応変に素早い意思決定ができる応用力が求められている。技術者には、未来の人々にこの社会とこの地球を引き継ぐ責任があり、その責任を果たすために技術者倫理が求められていると言えよう。

3．自律した技術者となるために

技術者として自律した意思決定を行うためにはどうすればよいだろうか。

C. E. Harris らは、自律的行為は以下の3つの側面を持つことを示している[15]。①意図を持って行われること、自己に内在する確かな目的あるいは目標に従った行為であること。②外部からのコントロールのような、真の選択を妨げるような影響のない行為であること。③行為を理解した行為であること。

言い換えれば、自身が行おうとする意思決定の目的（何のため、誰のための意思決定なのか）を明らかにし、与えられた条件のもとで、外部からの影響を受けずに自らの信条に基づく価値観によって選択肢の判断を行うことである。

しかし、日常の意思決定において自らの価値観を意識する機会は少ない。また、自己の価値観が確立できていない場合や価値観が曖昧な

場合には自律的な判断ができない状況となる。さらに、インターネット技術の発達やスマートフォン等の普及は、人の意思決定が無意識のうちに他者の価値観の影響を受けやすい環境に置かれることを余儀なくしている。

技術者として自らの価値観を確立する第一歩は、技術者倫理の定義に示された「行為の善悪や正不正の価値に関する判断を下すための規範体系の総体」について「学ぶ」ことである。ただし、「学ぶ」とはそれらの規範系体系をそのまま受け入れることではなく、その適否を検討するとともに自身の価値観も見直して、新たな価値観を再構築することである。そして、様々な状況において技術者としてよりよい意思決定ができるように、それらの知識を使った練習を積み重ねていくことである。

これまでに多くの人々によって行われた技術者倫理に関する議論によって規範体系が構築され、倫理的な問題への対処方法が示された[16]。ここでは、技術者倫理綱領に示された価値観[17]について確認し、キダーによる意思決定の3原則[18]、倫理的な意思決定のためのステップについて考える。

3.1 技術者倫理綱領に示された価値観

企業や学協会などの社会集団における倫理綱領には、その集団における価値観が示されている。「土木技術者の倫理規定」からは土木技術者の価値観を読み取ることができ、以下のような行為に価値を認めていることがわかる。

　　国民および国家の安寧と繁栄、人類の福祉とその持続的発展、
　　自然および多様な文明・文化、公衆の生命と財産、
　　職務における責任、誠実義務および利益相反の回避、
　　信念と良心、情報公開および社会との対話、
　　事実に基づく客観性および他者の知的成果、成果の公表
　　自己研鑽および人材育成、規範の遵守、社会への貢献

しかしながら、これらの行為の価値は時として相反することがあり、技術者に苦渋の選択を迫ることがある。それが倫理的ジレンマであり、同時に解決すべき複数の課題が与えられ、それらの課題に対する解がいずれも正しいにも関わらず相反する場合に生じる。

東日本大震災では苦渋の選択を迫られた多くの人々がいた。例えば、押し寄せる津波を前に、職務における責任を果たすという課題と自身の生命を守るという課題を同時に突き付けられた自治体の防災担当者や介護職員たちである。

倫理的ジレンマは以下の4つのパターンに分類できることをキダーが示している[18]。

「真実」対「忠誠」、「個人」対「社会」、
「短期」対「長期」、「正義」対「情」

① 「真実」対「忠誠」
　「真実」は「信念」、「正直」、「誠実」などの言葉で、「忠誠」は「義務」などの言葉で置き換えることができる。このジレンマは「信念」に基づく行動と職務における「責任」が相反する結果をもたらす状況である。

② 「個人」対「社会」
　「私」対「他の人々」、「少数」対「多数」、「国民」対「人類」などと置き換えることができる。「多数の幸福」と「個人の幸福」が対立するパターンである。

③ 「短期」対「長期」
　「現在」対「将来」と置き換えることができ、「直近では高い利益」をもたらす行為が「将来的には不利益」を生じさせるときに生じるジレンマである。

④ 「正義」対「情」
　「正義」は「公平」、「平等」などの言葉で、「情」は「慈悲」、「共感」、「愛情」などの言葉で置き換えられ、「愛情」による行為によって「公平」が乱されるといったパターンである。

倫理的な問題に直面したときに、その問題の事実関係を明らかにし、これらのパターンに落とし込むことができれば、その問題の本質が見えてくる。

3.2　意思決定の3原理 [18]、[19]

キダーは上記のような倫理的な意思決定におけるジレンマ問題を解決するために意思決定の3原理を示した。それは、①最も多くの人のためになる一番よいことをする、②自分が他人にしてもらいたいことを行う、③最も重要と思う規範に従う、というものである。この3原理を用いることで、その意思決定の普遍性と可逆性が保たれ、正当な意思決定が導かれる。

以下では、これらの原理について考察する。

①最も多くの人のためになる一番よいことをする

「最大多数の最大幸福」を実現する行為が正しいとするものであり、功利主義とも表現される。この原理は、意思決定をしようとする行為が将来どれだけの人をどれほど幸福にするかを予測した結果を評価することであるが、行為の結果を正確に予測することは困難であり、将来をいつに設定するかによって予測結果は大きく変化する可能性があることに注意したい。また、功利主義によれば、多数の幸福を実現するために少数の幸福が犠牲になることや、多数の人々の生命を救うために一人の生命が失われることを認めてしまう可能性があることにも注意しなければならない。

②自分が他人にしてもらいたいことを行う

この原理は、すべての宗教や文化等に共通して存在するもので、黄金律として知られる。また、相手に期待する行為を自らが行おうとするという可逆性を表し、社会集団における信頼性を築くために必要な原理である。この原理を「自分が他人にしてもらいたくないことを行わない」と捉えると、正直・誠実ではないことは他人からの信頼を失うだけでなく、自身への裏切りすなわち自信を失うこと

になる。また、この原理は「他人にしてもらいたいこと」が「正しいこと」「善いこと」ではない場合には適用できない。
③最も重要と思う規範に従う
　この原理では、行為の結果を考慮せず、行為の適否を規範に照らし合わせて判断するものである。この原理は、その行為に関する規範が相反する場合には適用が困難となる。

3.3　倫理的な意思決定のためのステップ
　倫理的な意思決定が必要となったとき、技術者として思考停止にならないためにはどうすればよいのだろうか。この問いに対して、これまでにいくつかの対処方法が示されている。具体的には、マイケル・デイビスによる「セブン・ステップ・ガイド」[20]、土木学会技術推進機構による「もう一つの PDCA」[21]、キダーによる「倫理的な意思決定のための9つのステップ」[18] などである。
　ここでは、問題解決のプロセスとして知られている、問題の認識、問題解決策の立案、問題解決策の実行、結果の評価の4ステップによる意思決定について考えたい。

①問題の認識
　技術者倫理を学ぶときには様々な倫理的な問題が事例として示されるが、日常においては、その意思決定を必要とする行為が倫理的な問題であるか否かは人の認識次第であり、問題を認識することから倫理的な意思決定が始まる。
②問題解決策の立案
　倫理的な問題が認識された行為については、その主体は誰か、関係者は誰かを明確にし、その問題にはどんな事実が関連しているか、事実関係を整理し、その行為が法令に違反していないかを判断する。法令に違反せず倫理的なジレンマ問題ならば、そのジレンマは前述のどのパターン（「真実」対「忠誠」、「個人」対「社会」、「短期」対「長期」、「正義」対「情」）なのかを明確にして、倫理綱領と意思決

定の3原則を用いて、実行の適否を判断する。場合によっては、その行為の目的を確認してジレンマを解消できる他の行為を探求し、その適否を検討する。

解決策立案の判断においては、本当に大切なものは何か、自身を偽っていないか、個人の利益や情を優先していないか、長期的な影響を忘れていないか、権威からの影響あるいは多数の意見の影響を受けていないか、等々を自らに繰り返し問いかけよう。

③問題解決策の実行

解決策が立案できれば、結果を恐れずに実行する。

④結果の評価

行為の結果が予想通りとなっているかを評価する。予想通りであれば、その行為の実行は適切であったと判断できる。しかし、必ずしも予想通りの結果が得られるとは限らない。その場合は、勇気を持って問題解決策を再検討する。

これらのステップを繰り返すことで、よりよい倫理的な意思決定が可能となり、「技術の実務を行っていく上で自分自身の行為を設計すること」が可能となる。

4．まとめに代えて

本編では、価値共有型倫理[22]を基調として、東日本大震災を起点に技術者倫理とは何か、なぜ技術者倫理が求められるのかについて考えた。そして、倫理的な意思決定のため具体的な対処方法についても考察した。そのため、技術者倫理の教科書で使用されているような表現や語句の説明は少なく、違和感を覚えた方もおられるかもしれない。また、本編の内容は、今後、人々の価値観が変化すれば、不適切なものと判断される可能性もある。

これまでに考察してきたように、技術者倫理は関連する知識を覚

るだけではいざというときに役立たない。また、基本的な知識がなければ問題の認識もできない。

　以下は、技術者倫理教育において取り上げられる機会が多いといわれる主題である[23]。

　　　功利主義、集団思考、利害関係の相反、過失と注意義務、
　　　製造物責任法、企業の社会的責任、国家公務員倫理法、
　　　正直性・真実性・信頼、知る権利・情報公開・説明責任、
　　　公益通報者保護法、警笛鳴らしと内部通報、
　　　研究における倫理、倫理綱領が具備するべき条件

　本編では全く言及しなかったものもあるが、本編を批判的読書の素材として、これらについて読者自らが調べ思考することで倫理に関する知識の再構成を行っていただければ幸いである。

【参考文献】

1) 札野順：放送大学教材　改訂版技術者倫理、放送大学教育振興会、2009年
2) 例えば、土木学会教育委員会倫理教育小委員会編：土木技術者の倫理－事例分析を中心として－、2003年
3) 札野順：放送大学教材　改訂版技術者倫理、放送大学教育振興会、pp. 17-21、2009年
4) 例えば、独立行政法人科学技術振興機構　研究開発戦略センター：政策セミナー報告書　東日本大震災以降の科学技術者倫理、2012年
5) 例えば、NTTコム　リサーチ：「震災後の被災地支援および価値観の変化」に関する調査結果、http://research.nttcoms.com/database/data/001323、2011年
6) 文部科学省：平成24年版科学技術白書　強くたくましい社会の構築に向けて～東日本大震災の教訓を踏まえて～、pp. 43-59、2012年
7) 阪田憲次、日下部治、岸井隆幸：土木学会会長・地盤工学会会長・日本都市計画学会会長　共同緊急声明　東北関東大震災－希望に向けて英知

の結集を－、土木学会誌、Vol.96、no.5、pp.2-3、2011 年
8) 畑中洋太郎：未曾有と想定外－東日本大震災に学ぶ、講談社現代新書、2011 年
9) （公社）土木学会 土木学会将来ビジョン策定特別委員会編；社会と土木の 100 年ビジョン－あらゆる境界をひらき、持続可能な社会の礎を築く－、pp.5-23、2014 年
10) 馬渕浩一：技術革新はどう行われてきたか 新しい価値創造に向けて、pp.102-124、2008 年
11) （公社）日本工学会：日本工学会について、http://www.jfes.or.jp/about/history.html
12) 国立科学博物館：重要科学技術史資料、http://www.kahaku.go.jp/procedure/press/pdf/77825.pdf
13) 魚本健人：土木構造物のトレーサビリティ、土木学会論説、2008 年 2 月版、http://committees.jsce.or.jp/
14) ニコラス.G.カー（篠儀直子 訳）：ネット・バカ インターネットがわたしたちの脳にしていること、青土社、2012 年
15) C. E. Harris, M. S. Pritchard & M. J. Rabins（社団法人 日本技術士会 訳編）：第 3 版科学技術者の倫理 その考え方と事例、pp.100-101、丸善株式会社、2008 年
16) 例えば、杉本泰治、高城重厚、橋本義平、安藤正博：大学講義 技術者の倫理 学習要項、丸善出版、2012 年
17) 札野順編：技術者倫理、放送大学教材、日本放送出版協会、pp.108-111、2009 年
18) R. M. Kidder（中島茂、高瀬恵美 訳）：意思決定のジレンマ、日本経済出版社、2015 年
19) C. E. Harris, M. S. Pritchard & M. J. Rabins（社団法人 日本技術士会 訳編）：第 3 版科学技術者の倫理 その考え方と事例、pp.87-114、丸善株式会社、2008 年
20) 札野順編：放送大学教材 改訂版技術者倫理、放送大学教育教材振興会、

pp. 115-120、2009 年
21) （社）土木学会 技術推進機構 継続教育実施委員会 継続教育教材作成小委員会：土木技術者倫理問題－考え方と事例解説－、pp. 10-16、（社）土木学会、2005 年
22) 梅津光弘：日本企業における倫理プログラムの制度化－法令遵守型と価値共有型－、経営論文集、No. 74、pp. 146-147、2004 年
23) 皆川勝：技術倫理教育の実態アンケートの結果、http://www.jfes.or.jp/_cet/topic/topic_no015.html、日本工学会技術倫理協議会、2009 年
24) C. ウィトベック（札野順、飯野弘之訳）：技術者倫理 1、みすず書房、2000 年
25) 土木学会土木教育委員会倫理教育小委員会編：土木技術者の倫理 事例分析を中心として、（社）土木学会、2003 年
26) 土木学会教育企画・人材育成委員会倫理教育小委員会：技術は人なり－プロフェッショナルと技術者倫理－、（社）土木学会、2005 年
27) （社）土木学会 技術推進機構 継続教育実施委員会 継続教育教材作成小委員会：土木技術者倫理問題－考え方と事例解説Ⅱ－、（社）土木学会、2010 年
28) 黒田幸太郎、戸田山和久、伊勢田哲治：工学倫理ノススメ 誇り高い技術者になろう、名古屋大学出版会、2004 年

第2編　土木技術者の倫理規定

第2編　土木技術者の倫理規定

1. 土木とは

　「土木」とは一体何なのか？

　その答えを考えるにあたって重要なヒントとなるのが、土木の語源ともしばしば言われてきた『築土構木』という言葉である。

　この言葉は、中国の古典『淮南子』（紀元前2世紀）の中の、次の様な一節に出てくる。すなわち、「劣悪な環境で暮らす困り果てた民を目にした聖人が、彼等を済うために、土を積み（築土）、木を組み（構木）、暮らしの環境を整える事業を行った。結果、民は安寧の内に暮らすことができるようになった」（古者民澤處復穴、冬日則不勝霜雪霧露、夏日則不勝暑熱蚊虻、聖人乃作、為之築土構木、以為室屋、上棟下宇、以蔽風雨、以避寒暑、面百姓安之）という一節であるが、この中の「築土構木」から「土木」という言葉がつくられたわけである。

　このことはつまり、土木とは、自然の中で苦しむ人々を済い、彼等が安寧の内に暮らすことができることを企図して、自然環境の中に人々の「住処」をつくり上げるものなのだということを意味している。

　そして、築土構木＝土木という行いは、自分の事ばかりを考える利己主義者や拝金主義者らが行う浅ましき行為とは全く無縁どころか、それとは真逆の、人々の安寧を慮る人々、つまり「聖人」や「君子」が行う「利他行」そのものだという事も暗示されている。

　この様に考えると、土木というものは、昨今の「土木バッシング」や「土木たたき」にて世間一般にてイメージされるものとはかけ離れたものだという実態が見えてくる。すなわち、築土構木としての土木には、次の様な、実に様々な相貌を持つ、我々人間社会、人間存在の本質に大きく関わる、巨大なる意義を宿した営為だという事実が浮かび上がってくる。

第一に、土木は「文明の要」である。そもそも、土木というものは、文明を築きあげるものである。例えば、ヨーロッパ文明や日本文明の根幹やその本質的相違というものは、それぞれの地で、土木を通してどういう「住処(すみか)」を整えていくのか、という一点に直接的に依存している。文明論を語るにおいて、土木は絶対に外せない一要素を成している。このことは、土木という言葉の英語が「シビル・エンジニアリング」（文明の工学）であるということからも明白だ。

　第二に、土木は、「政治の要」でもある。そもそも築土構木とは、人々の安寧と幸福の実現を願う、「聖人」が織りなす「利他行」に他ならない。それ故、「世を経(おさ)め、民を済(すく)う」という経世済民(けいせいざいみん)を目指す「政治」においては、「土木」の取り組みは最も重要な要素を成す。

　第三に、現代における土木は「ナショナリズムの要」でもある。現代の日本の築土構木は、一つの街の中に収まるものではなく、街と街を繋ぐ道路や鉄道をつくるものであり、したがって「国全体を視野に納めた、国家レベルの議論」とならざるを得ない。それ故今日においては、「国」という存在を明確に意識したナショナリズムの考え方があってはじめて、現代の土木が成立し得る。しかも、土木を通して都市と都市を繋いでいくことで、国民意識、ナショナリズムが醸成されていくものでもある。それ故、ナショナリズムのあり方を考える上で、(国防問題と共に)土木は必須要素となっている。

　第四に、土木は、社会的、経済的な側面における「安全保障の要」でもある。社会的、経済的な側面における安全保障とは、軍事に関わる安全保障ではなく、地震や台風等の自然災害や事故、テロ等による、国家的な脅威に対する安全保障という意味である。とりわけ、今日の日本が首都直下や南海トラフといった巨大災害の危機にされている以上、そのための強靱化対策において、強靱化は最も枢要な役割を果たすものである。

　第五に、土木は、現代人における実質上の「アニマル・スピリットの最大の発露」でもある。土木によって形作られるインフラは、その

地域や国の未来の形に巨大な影響を及ぼし続けるものである。つまり、土木というものは、その時々において、未来に対しての「決意」と共に行う「投資」行為である。そして、その未来は常に「不確実」なものであるから、土木というものにおいてはケインズが指摘した様に、ある種の雄々しき「アニマル・スピリット」（血気）が不可欠なわけである。そして今日において土木は、そのスケールの大きさを踏まえるなら、（国防問題と共に）アニマル・スピリットの最大の発露に他ならない。

第六に、土木こそ、机上の空論を徹底的に廃した、現場実践主義と言うべき「プラグマティズム」が求められる最大の舞台でもある。そもそも土木は、その地の「自然」やその時点の「政治」の状況、それを支える「ナショナリズム」を含めた人々の「気風」の動向など、あらゆるものを勘案しながら進める巨大プロジェクトである。したがってその展開は、机上の空論では絶対に進めることができないものであり、必然的に、現場から一歩も逃げず、あくまでも現場に没入しつつ、聖人や君子に求められる利他的精神と大局観とアニマル・スピリッツでもって実践を重ねる「実践主義＝プラグマティズム」が求められているのである。

——この様に土木というものは、実に様々な側面を持つものなのであるが、それは、土木がわたしたち人類の環境それ自身を作り出す「巨大な営み」であることの当然の帰結なのである。

2. 土木技術者とは

土木技術者とは、以上に示した『荒ぶる自然環境の中に人々の「住処（すみか）」をつくり上げる』という土木という営みを司る者である。

したがって、住処（すみか）をまさにつくりあげるための「施工」を行う者のみならず、その住処の様子を「調査」し、「管理」し、「維持・補修」する者もまた土木技術者でなる。そして言うまでもなく、それを「設計」する者、さらには「計画」する者も土木技術者である。そしてさ

らには、「計画」という行為の中に含まれる「政治的決定」を司る者や、以上の土木という営みそのものを高度化していかんとする「研究」や「思想・哲学」を深化させんとする者達も皆、土木技術者である。

これを今日の職業で言うなら、建設業、コンサルタントをはじめとした建設関連企業の民間企業人のみならず、官僚、そして、政治家といった公権力関係の人々、そして、土木に関わる研究者、言論人もまた、皆、土木技術者なのである。

これらの仕事はいずれも、多かれ少なかれ専門的技能を持たずして遂行困難なものばかりである。さもなければ、土木技術者たちが作り上げた「住処(すみか)」は、早晩、機能不全に陥り、崩れ去り、朽ち果てていかざるを得ないからである。ここに土木「技術者」と呼ばれる所以がある。

ただし繰り返すが、淮南子における「築土構木」とは、人々の安寧を慮る人々、つまり「聖人」や「君子」が行う「利他行」であった。それ故、土木技術者は、「聖人」や「君子」たらんとする精神が必然的に求められるわけである。

もちろん、「聖人」や「君子」には容易くなれるものではない。しかし、土木というものがそもそも、自然の中で苦しむ人々を済(すく)い、彼等が安寧の内に暮らすことができることを企図して荒ぶる自然環境の中に人々の「住処(すみか)」をつくり上げるという、困難きわまりないことをやり遂げんとする行為なのである。したがって、土木という営為は、それに携わる人々が聖人・君子たらんとしなければ、到底達成できぬものなのである。単なるビジネスや金儲けの商売の精神しかなき社会では、仮に土木構造物がつくれることがあったとしても、最終的に「苦しむ人々を済(すく)う」ことは断じてできなくなる。したがって、土木技術者たるもの、如何なる立場であろうとも、自らが携わっている仕事は、つまるところ「人々を済(すく)う」ための営為の一端を担っているのだと言う認識を持ち、それに携わる以上は、(聖人・君子足らざる我が身を恥

じつつ）聖人・君子たらんと欲する精神の傾きを携えておかねばならないのである。

　なお、淮南子の築土構木＝土木は「一人」の聖人君子が執り行う物語であったが、現代日本の土木は、一人ではなく、施工、設計から、計画、政治、研究、言論に至るまでの先にあげたあらゆる種類の土木技術者達の巨大な「共同作業」である事を忘れてはならない。したがって、現代の土木は（私たちの市民社会の一部を構成する形で）あらゆる土木技術者達が作りあげる巨大なチームによって進められているものであり、それ故、各々の土木技術者はその巨大チームを明示的潜在的に認識しつつ、自らの「役割」を的確に把握するという姿勢が常に求められている。

　ところで、先にも指摘した様に、今日における土木という営為は、「文明の要」であると同時に「政治」や「ナショナリズム」、そして「安全保障」の要でもあった。したがって、わが国において我々日本国民の住処（すみか）としての日本の国土を作りあげるにあたっては、その営みは明確に国民国家的なナショナルものであると同時に、それによってわが国の文明のかたちと国民の「安全保障」が決定づけられ、かつ、それを進めるにあたっては国民国家全体の政治的な判断の下で遂行していくべきものであるとの明確な（集団的）自覚が土木技術者達には求められているのである。

　一方、海外の土木においても同様に、その営為が当該の国の政治や国民国家、安全保障の形を規定し、最終的にその国の文明のかたちを決定づけるものであり、さらには場合によっては当該地域や世界のありようそのものを決定づけるものなのだとの自覚が求められる事となる。

　そして、先の説でも指摘した様にそうした土木を展開するにあたっては、自然に雄々しく立ち向かうアニマル・スピリット＝血気が求められると同時に、机上の空論を徹底的に廃した、現場実践主義と言うべき「プラグマティズム」の精神が何よりも求められているのである。

このプラグマティストとしての要件が、土木技術者が「技術者」たらねばならぬ根拠であるということもできる。

いずれにせよ、土木技術者とは、こうした政治や国家、世界、安全保障、そして、文明を見据えた大局的な視座の下、アニマル・スピリット＝血気と、プラグマティズムあるいは現場実践主義の精神を携えねばならぬのであり、そうした人物こそが、利他業としての築土構木をなしうる「聖人君子」の具体のかたちなのである。

3. 倫理規定の概念

土木技術者の倫理規定はその基本理念を明記した「倫理綱領」と、それに基づく具体的な規範を記載した「行動規範」から構成される。ここでは前者の「倫理綱領」について、以上に論じた土木、ならびに、土木技術者の本来的姿を踏まえつつ、改めて解説する。

「倫理綱領」は、以下のような大変にシンプルなものである。

土木技術者は、
土木が有する社会および自然との深遠な関わりを認識し、
品位と名誉を重んじ、
技術の進歩ならびに知の深化および総合化に努め、
国民および国家の安寧と繁栄、
人類の福利とその持続的発展に、
知徳をもって貢献する。

すなわち、築土構木をなさんとする土木技術者は、「国民および国家の安寧と繁栄」と「人類の福利とその持続的発展」に、貢献する責務を負った存在なのである。すなわち、土木技術者は国民国家の安寧と繁栄を企図する「ナショナリズム」を明確にその精神のうちに胚胎させているのみならず、人類全体の利益を慮る利他的精神を持つものなのである。

しかもそれを進めるにあたって、土木技術者は「知徳」、すなわち、「知性」「知力」と「徳義」をもって、そして、「品位」と「名誉」を重んじつつ取り組まねばならない。そもそも知徳すぐれた人物こそが「聖人」の定義であり、したがって自ずと「品位」と「名誉」を重んずる存在となるわけだが、そのことからも、この綱領には「築土構木の精神」が明確に引き継がれていることを明らかに見て取ることができる。

　ただし、土木技術者がそうした土木の営みに従事するにあたっては、彼自身が従事する土木というものが一体何であるか、その本質を認識しておくことが不可欠である。そもそも土木の本質とは、この大自然の中に人々の住処ををを作り上げるという点にある。したがって、その本質故に、土木という営為は、自然の有り様にも、そして、社会の有り様にも、極めて巨大な影響を及ぼさざるを得ないものである。この一点を理解せずして土木に従事すれば、自然の調和、社会の調和、そして自然と社会との間の調和はいずれも、深刻な失調状態に陥らざるを得なくなり、結果、あらゆる災いを呼び込むこととなる。したがって、土木技術者が取り組むものが「土木」である以上、「土木が有する社会および自然との深遠な関わりを認識」することが必然的に求められているのである。

　一方、土木技術者が「技術者」であることから求められているのが、「技術の進歩ならびに知の深化および総合化に努め」るという態度である。この態度があってはじめて、土木が抱える自然、社会に関わるあらゆる危機を回避することが可能となるのであり、土木を通した国民国家の安寧と繁栄、そして人類の福利と発展に実質的に貢献し得る縁を得ることができるのである。

　かくして、この簡潔に記された短い綱領は、築土構木の精神の本質を余す所無く表現するものなのであり、未来永劫、「土木技術者」が保ち続けねばならぬ精神と実践のあり方を示しているのである。

4. 倫理規定の解説

「土木学会『土木技術者の倫理規定』改定の趣旨」に、「・・・土木事業を担う技術者、土木工学に関わる研究者等によって構成される土木技術者が、自己の社会的責任を認識し、それに基づいていかに行動すべきかを、自ら考えることができる規範を求める・・・」と述べられているように、本規定は、従来の規定の理念を継承しつつ、自律的に倫理的な事態を考察することにより倫理観が高まってゆくという考えの下、その表現を抽象化している。また、前文や基本理念などの記載も一切廃し、「倫理綱領」と「行動規範」からなるシンプルな構成となった。このように、種々の修飾表現を最小限にとどめ、抽象化と単純化を目指した。そこで、本節では、この倫理規定の制定の趣旨が、適切に理解されるよう、また、制定に至るまでの議論の経過もある程度分かるよう、個々の条文を解説する。

> **倫理綱領**
> 土木技術者は、
> 土木が有する社会および自然との深遠な関わりを認識し、
> 品位と名誉を重んじ、
> 技術の進歩ならびに知の深化および総合化に努め、
> 国民および国家の安寧と繁栄、
> 人類の福利とその持続的発展に、
> 知徳をもって貢献する。

　「倫理綱領」は土木技術者の根本的な使命、専門家としてのあるべき姿を記したものであり、土木の特徴、技術者のあり方、技術者の使命という構成となっている。土木は、社会および自然との関わりが他の工学分野より密接なことが特徴であり、またその関わりは底知れないものであり、「深遠」と表現されている。「知の深化および総合化」では、特に「総合化」が土木の特徴を表す必須項目であることを示している。「安寧」とは世の中が穏やかで安定していることを示し、「安全」を含むより広い概念として用いられている。

　「国民および国家の」については、「市民社会」、「現在および将来の人々」の意味も含みつつ、我が国に対する土木技術者の使命を明快に表現したものである。「国民」という用語を用いているが、日本に住む外国人を対象外とするものでは決してない。「人類の福利……」において、全地球的な貢献をすることを表現している。本綱領及び行動規範のすべての条文が当然のこととして全人類を対象としている。「知徳」とは知識と道徳、あるいは学識と人格を意味しており、専門家としての能力と倫理観を併せ持つことで社会に貢献することを宣言している。

> **行動規範**
> 土木技術者は、
> **第1条（社会への貢献）**
> 公衆の安寧および社会の発展を常に念頭におき、専門的知識および経験を活用して、総合的見地から公共的諸課題を解決し、社会に貢献する。

　本条では土木技術者の社会貢献を定めており、公衆の安寧と社会の発展のために土木技術者が果たすべき使命を述べている。
　「公衆」とは、技術倫理においては、「技術業のサービスによって、その結果について自由な、または良く知られた上での同意を与える立場になく、影響される人々」であり、社会を構成する人々の一部である[1]。一方、「市民」は市の住民、社会を構成する自立的個人であり、技術者自身も含むより広い概念である。本規定では、市民と公衆とが異なる概念であることを明確に記述している。
　「技術」とは物事を取り扱う方法や手段であり、「専門知識および経験」にもとづき「技術」が得られ、体系化されて「工学」となる。したがって、「専門知識および経験」と「技術」を並列で扱わないこととした。
　土木技術者は、研究を含む様々な職務を遂行することから、「公共的諸課題を解決」としている。技術者には「専門分野においてのみ事業を行う」という規範がありえるが、土木技術者にあっては「過度の専門性」につながりかねない考え方であり、これを採用しないこととした。また、「総合的見地から」と総合性が重要であることを強調している。条文を、「社会に貢献する」と締めくくっていることで、社会が求める状況を実現するための課題解決が使命であることを明確に述べている。まさに、土木の原点回帰を表した文言と言える。

> **第2条（自然および文明・文化の尊重）**
> 人類の生存と発展に不可欠な自然ならびに多様な文明および文化を尊重する。

　従来の規定では、「自然および地球環境の保全と活用を図る」、「地球の持続的発展」、「固有の文化に根ざした伝統技術を尊重」などの文言により、「自然」、「地球環境」、「地域性の尊重」などが3つの条文で規定されていたが、本改定ではこれを整理した。特に、「自然」は「地球」を含むより広い概念であることから、「地球環境」という表現は用いないこととした。

　また、従来の規定では「相互の文化を深く理解」、「固有の文化に根ざした伝統技術を尊重」と記述されていたが、尊重するべき文化には、現代文化も含まれることから、「伝統」の語句は付さないこととしたが、決して「伝統」を軽んじてよいということではない。全地球上の各地域に生まれた文明とそこに育まれた文化の尊重は土木技術者が技術の運用に際して十分に配慮するべき事柄である。

　「固有の文化に根ざした伝統技術を尊重」という従来の表現は、よりひろく、「多様な」という表現としている。また、「・・・尊重する。」という表現は、保全や活用など多くの営みをすべて含んでの「尊重」を意味しており、「保全するべき」あるいは「活用を図る」といった画一的ととられかねない表現は避け、また説明的にならないように配慮した結果である。

> **第3条（社会安全と減災）**
> 専門家のみならず公衆としての視点を持ち、技術で実現できる範囲とその限界を社会と共有し、専門を超えた幅広い分野連携のもとに、公衆の生命および財産を守るために尽力する。

　東日本大震災のような災害を二度と起こさないよう、社会安全の研究成果を踏まえて、土木技術者の取るべき行動を明確に示す条文として本改定で新たに加えられた条文である。土木技術者という専門家は、社会の安全と減災を考えるとき、自分自身が一市民であり、「公衆」の立場や視点も併せ持つことが不可欠である。

　1000年に一度といわれる災害に見舞われ、2万人近い死者（平成27年9月1日現在の消防庁発表による、以下同様）を出したことにより、どのような減災施設を整備するべきかについては、従来のように専門家に任せるのではなく、十分な説明を受けた後、「公衆」が決定を下すべきであるという意見もある。専門家としての土木技術者に対する信頼をより確固としたものにするために、この視点を欠くことはできない。「技術で実現できる範囲とその限界を社会と共有し」、「公衆の生命および財産を守るために尽力」という部分でも、専門家としての限界を知り、十分な説明責任を果たしつつ、「減災」に尽力しなければならないことを述べている[2]。

　「専門を超えた幅広い分野連携のもとに」により、専門性を保持しつつ他分野との連携を重視する考えを述べている。第1条の解説でも述べているように、「専門知識および経験」に基づき「技術」が得られ、その技術で実現できる限界があると記すことにより、技術者の有する知見は不十分であるとも言っている。「専門性」を狭くとらえることなく、あくまでも市民や社会の安全のために尽力することが使命なのである。

> **第4条（職務における責任）**
> 自己の職務の社会的意義と役割を認識し、その責任を果たす。

　業務遂行責任は技術者の倫理規範類における必須項目であり、本規定では、「業務」を「職務」に置き換え、研究および業務を含む職務の責任を果たすべきことを記載している。ここでは主として、実業界において業務を遂行する技術者の遂行責任にかかわる基本的事項を解説する。

　業務を適切に遂行するためには、適切な人員を配置し監理する経営陣の立場と、適切な業務を遂行する技術者の立場がある。適切に業務を行うためには注意義務を怠らず、状況を認識し、好ましくない結果を回避する必要がある。注意義務を負っている人が、注意を怠ることを過失というが、過失は予見や回避が可能である状況でそれを怠ることにより発生する。

　雇用されている技術者あるいは業務を受託した技術者は、雇用条件や受託条件による拘束されるが、一般には前者に比べて後者には自由裁量がより広く認められる。しかし、雇用者や委託者は企業などの組織を代理する場合が多い。その際には、組織としての固有の価値観・モラル・理屈を絶対視する・組織と反する意見を排除するなど、組織として陥りやすい陥穽があるので注意を要する[3]。

　「職務の社会的意義と役割を認識」して、雇用者や委託者などの依頼者の意思に唯々諾々としたがうのではなく、自らの使命を常に認識して事に当たらなければならない。研究にあっても、ことは全く同様であろう。

> **第5条（誠実義務および利益相反の回避）**
> 公衆、事業の依頼者、自己の属する組織および自身に対して公正、不偏な態度を保ち、誠実に職務を遂行するとともに、利益相反の回避に努める。

　公正誠実業務遂行、利益相反回避もまた、技術者の倫理規範類における必須項目であり、公衆に対する責務と、依頼者に対する責務は時に技術者のジレンマを生む。これらを一つの条文の中に統合して表した。

　従来の規定では、「自己の属する組織にとらわれることなく、・・・土木事業を遂行する」、「現在および将来の人々の安全と福祉、健康に対する責任を最優先」、「公衆、土木事業の依頼者および自身に対して公平、不偏な態度を保ち」と、多くの条文の中で、時として相反する誠実性に関する記述が存在した。

　本改定では、これら自己を含む関係者に対する誠実性がジレンマを生むことも含めて、一つの条文にまとめたものである。誠実義務を果たす場合、事業の依頼者に対する誠実義務と公衆の福利の最優先においてジレンマを生じることがある。また、組織の論理に従うことが技術者としての自己に対する誠実性に反することも生じうる。このように、ここに記されている関係者の間の意見の対立や相違にさらされる可能性がある。そのような事態において、技術者は公正、不偏な態度を保ち、自らの責務を誠実に全うすることが求められる。

　ある組織に対して忠実義務を負っているとき、技術者がお手盛りで当該組織以外の組織なり個人に利益を誘導するようなことに陥らないよう、利益相反の立場になる事態を回避しなければならず、それが無理である場合には、その立場を明言しなければならない。これを利益相反の回避という。

> **第6条（情報公開および社会との対話）**
> 職務遂行にあたって、専門的知見および公益に資する情報を積極的に公開し、社会との対話を尊重する。

　専門家として得た知見や職務を通じて知りえた情報については、守秘義務に配慮しつつ、国民の知る権利を尊重する立場から説明責任を果たすために、公開されることが望ましいものである。その際、公開することが目的化することなく、「公益に資する」ために公開することに留意するべきことを本条では述べている。

　市民は社会の福利の増進について専門家である土木技術者に技術的検討や判断の多くを委ねている。技術者の能力や知見に基づく判断は適切であるという市民の持つ信頼と、それに基づいて安心して社会生活を送ることができているという市民の感覚がそれを委ねる基本である。信頼とは、道徳的秩序に対する期待であり、それは技術者の能力に対する期待と、技術者の意図に対する期待からなる。能力に対する期待とは専門家としての知見の有用性に関係している。一方の意図に対する期待とは、公平性、公正性、客観性、一貫性、正直性、透明性、誠実性、思いやりといったものである[4]。

　本規定全体において、社会とかい離せず、社会の信頼を得るべく職務を遂行することが土木技術者の使命であることを強調しているが、本条においても、土木技術者が社会から信頼され、その使命を遂行するためには、技術に埋没することなく、常に積極的に社会との対話に努めることが必要とうたっている。

第7条（成果の公表）
事実に基づく客観性および他者の知的成果を尊重し、信念と良心にしたがって、論文および報告等による新たな知見の公表および政策提言を行い、専門家および公衆との共有に努める。

　論文や報告は事実に基づいて客観的に記述されるべきであり、意見と事実の混同は避けなければならない。内容の正確さの責任は著者にある。成果は再現性を有する必要があり、データの捏造や改ざんは決して行ってはならない。

　他者の知的成果を利用する場合には引用を正確に明記し、「他者の知的成果の尊重」に最大限の配慮をするべきである。特に、学術研究論文では、先発表優先の原則があり、著者のオリジナルな内容であることが要求される。自分の寄与は何であるかを明確に記述することが重要である。また、他者の成果の盗用のごときは犯罪であり、厳に慎まなければならない。盗用が発覚すると技術者としての社会的信用を失い、研究者のフィールドから退場を余儀なくされる。

　「信念と良心にしたがって」成果を公表することで、技術者への信頼性を損ねることなく、社会に発信することが重要である。政策提言をすることは、技術者の使命である。果断に「信念と良心にしたがって」成果を公表するよう努めるべきである。

　公表した成果により社会に貢献するためには、他の専門家や公衆とその内容を共有するように努めることが不可欠である。独善的・独断的にならず、専門的な内容は公衆にわかりやすい形で表現し、伝えることが肝要である。

> **第8条（自己研鑽および人材育成）**
> 自己の徳目、教養および専門的能力の向上をはかり、技術の進歩に努めるとともに学理および実理の研究に励み、自己の人格、知識および経験を活用して人材を育成する。

　自己研鑽と人材育成を、「学び」という観点で統合して表現した。社会貢献をするためには、徳目と教養を高めることは大切である。自己研鑽の目的は技術の進歩にある。「技術の進歩に努めるとともに学理および実理の研究に励み、」について、研究のすべてが技術の進歩のためではないこと、倫理綱領における、「技術の進歩ならびに知の深化と総合化に努め」に対応して、「技術の進歩」と「研究」を並列に記載した。

　「実理」という用語は実際の経験に基づいて得られる理論である。「実理」は一般に広く用いられている用語ではないが、「学理」に対応する語句として用いている。土木において用いられる理論に「実理」が含まれることは、実学としての土木の大きな特徴の一つである。例えば、建設現場は土木における実践のもっとも重要な場であり、そこでは、日々、実践を通じて「どのようになすべきか」という経験値が得られるが、これを「理（ことわり）」にまで高めたものが「実理」である。

　「自己の人格、知識および経験を活用して」技術者は人材の育成に努めることにより、社会貢献が永続的になされるように努めるべきである。まさに「学理」および「実理」を含む、知識と経験のすべてをもって、「知徳をもって」社会に貢献できる土木技術者の育成に貢献するべきである。

> **第9条（規範の遵守）**
> 法律、条例、規則等の拠って立つ理念を十分に理解して職務を行い、清廉を旨とし、率先して社会規範を遵守し、社会や技術等の変化に応じてその改善に努める。

　率先垂範して、社会の規範を守ることが社会あるいは市民のための技術者としての土木技術者の使命である。
　「拠って立つ理念を十分に理解して」としているのは、法律、条例、規則等が条文の通りに無批判に遵守すればよいものではないことを明確にするためである。技術者の倫理は自律的でなくてはならない。そのため、他律的である法律等に関しても、その適用に際して無批判に受け入れるのではなく、あくまで自律的に「拠って立つ理念」を理解して行動することが求められるのである。
　賄賂などの行為は決してあってはならないが、個々の不正行為を禁止するという「べからず集」とすることを避け、「清廉を旨とし」という語句により、やはり自律的に自分自身を戒めるべきとしている。
　守秘義務や著作権尊重などは、法律、契約等に含まれている。したがって、このような具体的な事項については記載しないこととした。契約は自由にするものであって基本理念はないことから、「法律、条例、規則等の」に「契約」は入れないこととした。ただし、契約を順守する倫理は第5条の誠実義務に含まれているとみなすことができる。法令・条例・規則等、社会規範は社会などの変化に応じて改善されるべきである。技術者は第7条にあるように「社会や技術等の変化に応じて」「政策提言」するのが役割であることから、「その（社会規範の）改善に努める」とした。

明確に廃止された規定は2文である。第一の旧条文における「人種、宗教、性、年齢に拘わらず、あらゆる人々を公平に扱う」は、人間としての当然の規範であるので、本規定には含めないこととした。本規定はあくまで土木技術者としての倫理規定である。また、第二の旧条文「本会の定める倫理規定に従って行動し、土木技術者の社会的評価の向上に不断の努力を重ねる。とくに土木学会会員は、率先してこの規定を遵守する」については、そのようにするために規定は定められているのであり、当然のことであるので廃止した。

【参考文献】
1) 日本技術会編、科学技術者の倫理―その考え方と事例、丸善、1998.9
2) 土木学会、社会安全推進プラットフォーム、社会安全研究会報告書、社会安全哲学 理念の普及と工学連携の推進をめざして、2013.6
3) 杉本泰治、高城重厚：技術者の倫理入門、丸善、2002.4
4) 山岸俊男：信頼の構造―心と社会の進化ゲーム―、東京大学出版会、1998.5
5) 日本工学会技術倫理協議会、研究と研究発表 投稿に関する倫理の第一歩、2008.3

第 3 編　倫理・社会規範に関する活動

第3編　倫理・社会規範に関する活動

1. 倫理教育に関する活動紹介

土木学会では倫理教育に関して様々な活動を実施している。以下にその一例を紹介する。

1.1 倫理・社会規範委員会

倫理・社会規範委員会は、学会の倫理・社会規範にかかわる行動原理の明確化、倫理・社会規範問題への対応、制度・システムに関わる学会内外への発信及び倫理・社会規範の教育・啓蒙活動を行うことを目的とし、以下の活動を行っている。

a) 土木界の倫理・社会規範に関する重大な問題への対応及び学会内外に向けた見解表明
b) 会員の倫理・社会規範に関わる支援及び処置
c) 倫理規定に関すること
d) 技術者倫理の教育普及活動
e) 技術者倫理に関する実態調査及び分析

委員会の代表的な技術者倫理の教育普及活動を以下に示す。

1) 技術者倫理に関する図書の発行

土木学会では、技術者倫理に関する以下の2冊の図書を発行している。
a) 土木技術者の倫理　－事例分析を中心として－
b) 技術は人なり　－プロフェッショナルと技術者倫理－

これらは技術者倫理の持つ本来の意味を適切に説明・解説したものであり、技術者倫理の実践において参考となる、実際問題に則した事例集を記している。
　また、土木学会の技術推進機構継続教育実施委員会からは、以下の2冊の図書を発行している。
c) 土木技術者の倫理問題　－考え方と事例解説－
d) 土木技術者の倫理問題　－考え方と事例解説Ⅱ－

2) 技術者倫理教育の教材開発
　学校や社会の現場で起きている具体的な事例を収集し、受講者に応じた分かり易い教材開発を行っている。

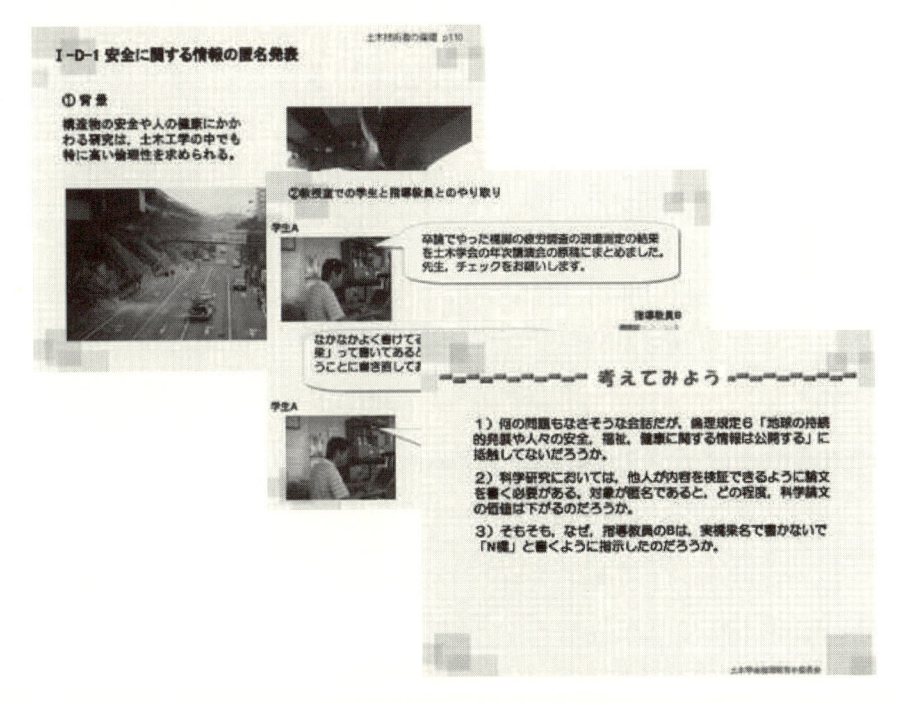

技術者倫理についての教材事例

委員会では開発した教材を土木学会ホームページに集約しており、申請することにより教材事例をダウンロードできる情報提供サービスを実施している。教材（PDF）の利用を希望する場合は、土木学会に「使用願」を提出すれば、学会会員ならば誰でも利用することが可能である。

http://committees.jsce.or.jp/rinri02/node/14

3) 講師派遣と倫理教育の人材育成

講習会や研修会等の機会に委員を派遣し、技術者倫理の啓発、倫理教育の育成を行っている。

1.2 土木学会ホームページ

土木学会のホームページには、倫理教育の参考となる多くの情報が掲載されている。例えば、書庫のページには以下の項目がある。

1) 土木図書館デジタルアーカイブ

土木学会附属土木図書館のデジタルアーカイブス内の土木人物アーカイブスでは、高い倫理性をもって土木に献身してきた技術者、古市公威、沖野忠雄、真田秀吉、青山士、宮本武之輔、八田興一を紹介し、その資料を公開している。

2) 土木学会土木デジタルミュージアム

「土木の全体像」を人物や事業、そして資料から知ることができるポータルサイトとして、「土木学会デジタルミュージアム」が土木学会の100周年を記念して開設され、土木技術者の人物像に関する様々な情報が提供されている。

a) 行動する技術者たち

各地域の再生に向けて、新しい価値をつくり出している技術者を紹

介し、新たな時代の国土・地域づくりに対する先駆者たちの努力と挑戦の取り組みを紹介することを通じて「行動する技術者」に求められる資質を探っている。

<figure>
【Web版第41回】沖縄の厳しい自然環境を逆手に取る！〜塩害と台風への挑戦、そして人材育成〜

下里 哲弘氏（琉球大学工学部 環境建設工学科 准教授）

台風メッカの沖縄では、強風による街路照明柱の倒壊や全国比の10倍という腐食速度のため土木構造物の塩害が著しい。過酷な自然環境を逆手に取り、ハイレベルの防食研究開発や維持管理技術のスペシャリストを育成する研究者の取組み。

下里 哲弘氏
</figure>

Web版「行動する技術者たち」の例

b) 土木と 200 人

　土木界とは人の住む世界への奉仕が第一義である。土木学会誌 第 68 巻 8 月号（1983 年）の特集記事「特集・土木と 100 人」は、我々の住む世界を作り上げてきた先達たちにスポットを当てた特集記事であり、有史以来脈々と続いてきた土木の流れの中で 100 人を選び、人物譜を記述してある。続編の土木学会誌 第 69 巻 6 月号（1984 年）の特集記事「続土木と 100 人」では、新たな 100 人を選び記述している。特に民間企業の創業者にも配慮して、近代土木の黎明期に光を当てている。「土木学会デジタルミュージアム」内の「土木と 200 人」ではこれら 2 回の特集記事を掲載している。

2. 規範に関する規程

2.1 倫理・社会規範委員会の設置

「倫理規定」制定以来、教育活動が続けられるとともに、教育以外の様々な倫理的問題を検討する常設委員会の設置が議論されていた。

2006年、当時の濱田会長の下、会長特別タスクフォースの課題の一つとして、倫理に関する常設委員会の設置の是非が取り上げられた。同タスクフォースにおいては、下図に示すように、従来の教育・啓発中心の活動に加えて、土木界の倫理・社会規範に関わる重大な問題（事件、事故等）に対する外部への見解の表明、社会資本整備システムのあり方に関する外部への見解の表明、会員の倫理的行動に対する顕彰、会員の懲戒処分等の活動の必要性が認識され、2007年に倫理・社会規範委員会の設置に至った。

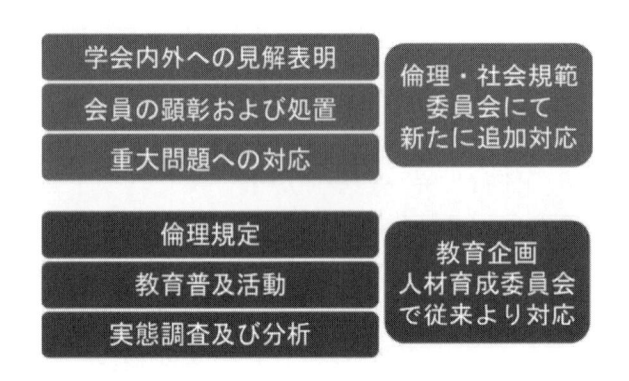

学会内外への見解表明	倫理・社会規範委員会にて新たに追加対応
会員の顕彰および処置	
重大問題への対応	
倫理規定	教育企画人材育成委員会で従来より対応
教育普及活動	
実態調査及び分析	

2.2 倫理・社会規範委員会における課題

倫理・社会規範委員会における最初の課題は、倫理的な問題が提起された時の学会としての対応に関する検討であった。検討を開始するに至った経緯としては様々な課題を挙げることができる。すなわち、制度の不備から技術者が不当に責任を問われる事態における技術者の

支援、専門家集団として事故などについての適切な技術的見解表明の必要性、論文の二重投稿などの事例への個別対応、企業・個人の職業倫理を問われる社会的問題が発生した場合の対応など、土木学会として重大な倫理問題に対する基本原則を確立し、具体的に対応することが必要となっていたのである。

2.3 土木学会の規範に関する規定

　倫理的問題は、構造的問題と個別の問題に分類される。また、学会がいかに関わるかという観点では学会活動と社会的活動に分類される。構造的問題としては入札・契約にかかわる諸問題、予算の年度内消化など受発注者間の対等でない関係に基づく諸活動等があげられ、個別の問題としては基準に合致しない設計、施工およびその隠蔽行為、規制に反した行為、費用便益比の過大評価、規制内ではあるが不適切な行為などがある。学会活動にかかわる問題としては、学会事業に関わる行為で、具体的には論文集、学会誌、資格制度、表彰等にかかる不正などが、社会的活動には、談合、手抜き工事、贈収賄、破廉恥行為、殺人等が含まれる。

　当時存在した関連規定は、学会の名誉棄損行為や学会の目的違反行為に対する除名規定のみである。これは、そのような行為をする会員は存在しないことを担保するものである。また、社会規範に照らして適切な行動をとることは学会員の使命であり、倫理的規範を遵守することは当然学会員に求められるべき要請である。このように、社会への明解な説明責任、会員の行動規範の実質化、技術者の地位確保、組織ガバナンスの確立という観点から、学会としてとるべき行動は、会員の「倫理規定」遵守義務の導入、不当な責めを負う技術者の支援、反倫理的行為をしたものに対する処置、および説明責任を果たすための見解表明である。次頁に規定の枠組みを示す。

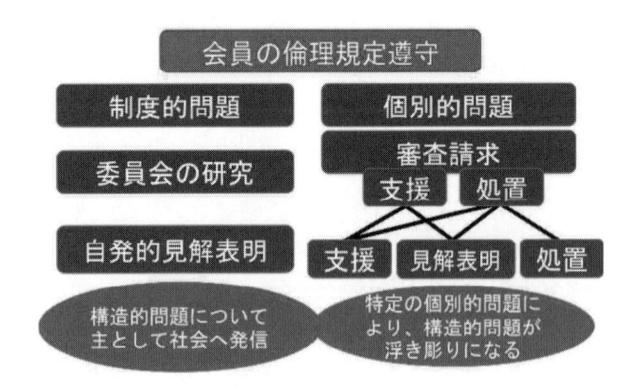

土木技術者の倫理を考える ―3.11と土木の原点への回帰―

```
                会員の倫理規定遵守
        制度的問題              個別的問題
                              審査請求
        委員会の研究            支援  処置

        自発的見解表明        支援  見解表明  処置

        構造的問題について    特定の個別的問題に
        主として社会へ発信    より、構造的問題が
                              浮き彫りになる
```

　見解表明は、構造的・制度的重大問題に対する学術的・技術的な研究とその結果の社会発信あるいは、社会的影響の大きい個別事件に関連した学術的・技術的な見解の提供・処置内容説明である。前者は研究成果としての学術的・技術的見解表明である。後者はさまざまな事象が想定される。例えば、学会活動における反倫理活動に対する処置内容の説明、会員の目的違反活動や名誉棄損行為に対する学会の自衛のための説明・処置公表、不当な社会的制裁を受ける個人や組織の支援内容の説明、学会の名を騙った不正な活動に関する社会への表明・提訴、反倫理・反社会的行為を行った学会員への処置内容の説明などである。

　支援については、専門家集団の社会的使命としての特定の個人への社会的制裁への反論、制度不全の補完機能としての内部告発できない個人の支援、あるいは、専門家としての社会貢献としての法的摘発における鑑定人・証人推薦などの活動が相当する。

　処置については、組織ガバナンスの保持としての除名規定のほか、深刻な状況の未然防止措置としての会員特典停止および厳重注意が導入されることとなった。除名は社会への公表を原則とし、特典停止は公表または非公表、厳重注意は未公表とした。

　問題の分類と対応方法の関連を述べる。まず、構造的問題・制度的

問題については委員会において研究活動を行い、自発的な見解表明を行うことになる。また、個別的問題に対しては、審査請求に応じて支援、見解表明、処置の組み合わせとなる。

　2009年、定款細則に「倫理規範」の章が新設されるとともに、「土木学会の規範に関する規程」が制定され、学会の公益社団法人化と共に施行された。

（皆川勝：土木学会を知ろう－委員会の紹介－倫理・社会規範委員会、土木学会誌、Vol.99、No.4、pp.58-61、2014.4.より抜粋転載）

3.「社会安全」に関する活動

3.1 社会安全研究会の設置と活動

　「土木技術者の倫理規定（平成26年版）」には新たに「社会安全」という概念が取り入れられている。これは、2011年3月11日に発生した「東日本大震災」に対応した土木学会の活動を踏まえたものである。

　土木学会は東日本大震災発生の翌日に、「東日本大震災特別委員会」（委員長：土木学会会長）[※1]を設置し、学術的な観点から社会に貢献すべく活動を開始した。特別委員会は、3つの調査団（総合、支部、分野別）、10の特定テーマ委員会（安全防災系、施設構造物系3、計画・マネジメント系6）及び3つの特別活動（社会安全研究会、津波推計・減災検討委員会、「安全な国土への再設計」支部連合）で構成された。

※1 「東日本大震災特別委員会」は1年目の活動を終え、2012年6月以降、組織体を整理・統廃合し、「東日本大震災フォローアップ委員会及び社会安全推進プラットフォーム」として、新たな活動フェーズへステップアップした。

「社会安全研究会」は、「社会安全」を視野に土木という専門領域はもちろん科学技術の枠を超えて、総合性、市民工学への原点回帰を見つめ直し、安全を総体として捉える哲学・計画論を構築し社会的な運動論へと発展させることを目的として設置された。研究会では「社会安全とは何か。土木技術者の役割、意義は何か。」などについて議論を交わし、2012年7月に「社会安全研究会中間とりまとめ『技術者への信頼を回復するために』」を発表した。その趣旨は以下のとおりである。

> 土木界では今までは防災という枠組みの中でかつ設計者・計画者の立場から議論し計画することにとどまってきた。しかし国民・市民の命を守ることという究極の目標を視点に据えたとき、設計者・事業者の立場を超えて、システム安全にかかわる事業者の立場や自らを市民の立場からみることへと発展しなければいけない。このため社会安全という幅広い概念を現す言葉を用いて、土木の総合性、市民工学への原点回帰をめざし、安全を総体として捉える哲学・計画論を構築し、社会的な運動論へと発展させるという目的を示すこととした。

社会安全研究会では、「中間とりまとめ」後の社会安全哲学などの議論の展開を踏まえ、2013年6月には「社会安全推進プラットフォーム社会安全研究会報告書『社会安全哲学・理念の普及と工学連携の推進をめざして』」を公表した。

報告書の公表により社会安全研究会の活動は一区切りとなったが、今後の方向として、「社会安全」という概念が、技術界さらには市民生活の中で議論していくことが望まれている。

3.2 社会安全研究会報告書（2013年6月）

報告書の内容を以下に紹介する。なお詳細については、土木学会ホームページ等に掲載されている報告書をご覧いただきたい。

3.2.1 報告書序文、はじめに

> 3.11東日本大震災は、安全安心の国づくりを営々として進めてきた我々に対する国民の信頼に大きな疑念を生じさせることになった。大きく損なわれた技術者に対する信頼をどのように回復するべきか、土木学会では東日本大震災特別委員会の特別活動として「社会安全研究会」を設け、23.7に一年間にわたり続けられてきた"社会安全"についての様々な議論を集約し、さらなる具体的な議論へと発展させて、社会安全に向けて責任を果たすべく中間的な取りまとめを行った。
>
> さらに 24.3 までに中間とりまとめをより具体的にするために、哲学・理念の整理と実践活動としての工学連携を日本工学会参加の他分野学会と協働で模索してきた。
>
> 本研究会の活動は本報告書をもって一区切りにするが、このような誠に大きな課題に対する明快な回答を短期間に期待することは全く不可能であると言ってもよい。そのため土木学会では、これからの活動として、哲学・理念を土木学会倫理規定にどう反映させてゆくかについて議論を継続すること、および実践活動としての工学連携を土木学会100周年事業の中でさらに具体化していく方策を模索しているところである。
>
> 本研究をすすめてきたものとして、"社会安全"という概念が広く技術界さらに市民社会の中で議論されることを強く期待している。
>
> 委員長　山本卓朗（注：当時第99代土木学会会長）

3.2.2 「社会安全」とは

1)「社会安全」の定義

工学においては、外力に対する耐力に余裕があり、損傷もなく期待される機能が保持される状態を「安全」と判断することが多いが、ここでは、個別の施設の健全性だけではなく、我々の生命・健康、社会

活動、組織・系統、さらに財産が危害を受けることなく存在する状態、すなわち社会の総体としての安全性を「社会安全」と定義する。

2)「社会安全を提唱する背景」

　東日本大震災は社会の脆弱性を顕在化させるとともに、常々安全・安心を標榜してきた科学・技術者と科学・技術に対する市民の信頼に大きな疑念を生じさせることとなった。土木学会では信頼を回復すべく、広範な有識者の安全に対する見解を集約し、自然災害を中心に有識者へのインタビューなどを開始した。その後、社会基盤施設の老朽化が社会問題化したなどの社会環境の変化もあり、「自然災害」に加え「巨大システムの社会に脅威を与えるような事故」も対象に加えて検討を行った。

3)「社会安全」を追求する目的と効果

　土木界では従来、安全に関しては設計者の立場から議論し計画するのにとどまってきた傾向がある。しかし、市民の命を守ることを視点に据えたとき、技術者は事業者の立場や、市民の立場から見ることへと視点を広げなければならない。このため「社会安全」という幅広い概念をあらわす言葉を用い市民工学への原点回帰をめざし、哲学・計画論を構築し、社会的な運動論へと発展していこうと意図した。こうした活動の継続が、技術が市民の意識や社会環境の変化に柔軟に対応したものとして進歩してゆくことにつながると考える。

3.2.3 「社会安全基本理念」の構築

1)「社会安全基本理念」を構築する目的

　a) 技術者一人ひとりの行動への反映

　　土木技術者は専門家として「社会安全」に関わっている。その際共有すべき基本的考え方を「社会安全基本理念」として明確にすることで、「社会安全」の概念の普及とその実現に寄与する。

　b) 事業者・研究機関等の組織活動へ反映

「社会安全」の実現には、組織の安全文化の醸成や安全活動が必要不可欠である。土木技術者は、「社会安全基本理念」によって明確となった考え方に基づき、安全文化を根付かせ、「社会安全」の概念の普及と実現に寄与する。

2)「社会安全基本理念」(案)

報告書では「社会安全基本理念」(案)を提案している。以下にその内容を示す。

> (専門家・事業者・市民の三つの視点で考える)
> 1. 社会安全の究極の目的は市民の安全を守ることにあるので、全体のシステムを、どのように計画・設計し、運営し、市民に利用し接してもらえばよいのか、市民の安全の視点から考える必要がある。技術者も同時に市民であり、時には事業者あるいは行政官でもあることの自覚が求められる。個人がすべてを把握し判断することが不可能である以上、安心を得るには他人や組織への信頼が不可欠である。この信頼は社会システムを構築した技術的能力への信頼だけでなく、社会システムを運営し提供する技術者や組織の意図への信頼から成り立つ。
>
> (万が一に備え、多段階外力を想定する)
> 2. 人間の知識、経験には限界があり、通常の科学・技術で対処困難な自然現象が起こり得ることを想定し、予期しない複合的災害・事故により社会の安全が脅かされる事態となる恐れがあることに思いを巡らせ、万が一に備えなければならない。発生確率の極めて低い巨大災害や重大事故に対しても、「命を守る」ことを最重要視した備えが必要であることの重要さは、今回の災害から学んだ最大の教訓である。老朽化した社会基盤の人命にかかわる事故への対応もこの範疇に含まれる技術的課題である。

(全体的に把握し他分野と連携する)
3. 科学・技術の発展は高度に専門分化することによって進められたが、その結果、全体を俯瞰的横断的に把握し、マネジメントすることの困難性、重要性が改めて認識される事態が発生し、ひいては社会安全が脅かされるような事故を経験した。社会安全に貢献するために、工学各分野の連携、さらには人文・社会科学を含む専門家と協働・連携し全体的に分析・評価し解決策を見出さなければならない。

(市民と技術者の良好な関係を維持する)
4. 技術者は「絶対的な安全」は存在せず、人間の営みが利益とリスクのバランスの中で成り立っていることを理解し、その概念を市民と共有し、「自らの命は自ら守る」こと、「自助」「共助」「公助」の必要性・重要性の認識を共有しリスク・コミュニケーションを充実させる必要がある。また、市民自らが災害に対する仕組みや備えを強化しようとする際は積極的に支援しなければならない。社会安全を実現するためには、市民と技術者の間で基本的な認識を共有し良好な関係を確立し維持しなければならない。

(非常時の行動原則)
5. 社会安全はすべての技術者が技術者倫理として共有すべき基本的目標の一つであり、それを確保することが専門家としての使命である。非常事態に直面した技術者は、自らの命は自ら守るとともに、自らの関わる社会システムの専門家として、使命感と勇気を持ちそのシステムの柔軟な管理・運用など、社会安全を確保するための行動をとらなければならない。

3) 社会安全と土木技術者

　1914年、土木学会が工学会を離れて独立した際の初代会長の古市公威は「余は極端なる専門分化に反対するものなり」と述べ、技術の専門分化がもたらす問題に懸念を抱いていた。本来全体を総べ、社会の問題解決に当たる技術者すなわち「指揮者」たる土木技術者

の使命感と能力の喪失を危惧したと考えられる。社会安全が社会の総体としての安全を目指すものである以上、目的達成のためには手段を制約すべきでなく、目的思考の開かれた技術体系である必要がある。社会安全は全ての技術者にとって共通目的であるべきであり、すべての土木技術者にとっても共通の重要な活動目的の一つである。

3.2.4 土木学会の活動への反映

　社会安全に向けた全体のトーンとして、専門家の責任遂行と新たな方法論の開発・展開、事業者・経営者の情報開示と総体的マネジメント（インテグリティー）、市民の自覚・参画がポイントとなる。
　社会安全の追求を社会的な運動とし、市民・組織・技術者に普及させ、我が国に健全な安全文化を定着させることを目的に以下の活動を行っていくことが望まれる。

a)「社会安全研究会」の継続的活動（研究会、シンポジウム、論文募集他）
b) 政策決定への提言および行政への働きかけ
c) 人文・社会科学分野への提言および行政への働きかけ
d) 社会安全向上の研究開発
　　　例：地域BCPモデルの作成、市民連携プログラムの開発、
　　　　　安全を安心に繋げる活動
e) 人材開発プログラムの開発と育成
f) 学校教育への反映
g) 公的機関、研究機関、NPO等との連携による地域社会安全向上
h) 事象発生時のタスクフォースの結成による原因究明と再発防止の提案
i) 事象発生時のマスメディアへの学会声明の発表や記者会見による発展的評価
j) 土木学会及び土木技術者に対する信頼性向上活動

社会安全研究会委員構成（役職は2013年6月当時）

委員職区分	氏　名	所　属
委員長	山本　卓朗	(公社)土木学会
幹事長	羽藤　英二	東京大学
委員	大石　久和	(一財)国土技術研究センター
委員	栢原　英郎	(公社)日本港湾協会
委員	古木　守靖	(独)国際協力機構
委員	目黒　公郎	東京大学　生産技術研究所
幹事	阿部　雅人	(株)BMC
幹事	寒河江　克彦	東日本高速道路(株)
幹事	新居田　浩	国土交通省　水管理・国土保全局
幹事	藤原　寅士良	東日本旅客鉄道(株)
幹事	丸山　信	福田道路(株)
幹事	三輪　渡	東日本旅客鉄道(株)
事務局	山田　郁夫	(公社)土木学会

敬称略

第4編　技術者の倫理に関する研究

第4編　技術者の倫理に関する研究

1. 東日本大震災原子力発電所事故の教訓

（1）東日本大震災と技術者倫理

　2011年3月11日、東北地方太平洋沖地震（マグニチュード9.0）とこれに伴う津波は、東日本各地に未曾有の被害をもたらした。震災による死者・行方不明者は18,466人（2015年7月10日現在）であり、建築物の全壊・半壊は合わせて399,301戸にのぼる。震災発生直後のピーク時における避難者は40万人以上であり、しかもその数は2015年6月時点でも約20万人と被害の長期化が顕著である。

　東日本大震災は、地震、津波による直接的被害のみならず、原子力発電所事故による被害をもたらし、技術者に対して、技術が有する社会および自然との深いかかわりについて幾多の課題を投げかけた。それらの多くは、既存の技術的課題の延長というよりも、新たに認識され設定された技術的課題であり、煎じ詰めれば技術者にとっての倫理的課題ともいえる。たとえば、原子力発電所の重大事故や巨大津波など発生した場合のダメージが壊滅的であるものの稀にしか発生しないとして、従来放置されがちであった巨大災害への対処をどうするのかといった問題である。これにどこまで、どのように取り組むべきかといった課題への科学的分析と社会への提示は、専門家としての技術者の役割であり、その際どのように課題を設定するのかといった基本的認識は、社会ならびに自然に対峙する技術者の倫理観に帰着するであろう。

　この巨大災害の経験から私たちは何を学んだのだろうか？そしてそれらをその後に行動にどれだけ生かしているだろうか？

　国民のエネルギー確保は技術者にとって大きな課題であり、土木技

術者も原子力発電所事業に長く関わってきた[1]。そこで福島第一原子力発電所（原発）事故から学ぶ技術的教訓をもとに、土木技術者として考えるべき倫理的課題を考えてみたい。

（2）経緯

　2011年3月11日、東北地方太平洋沖地震（マグニチュード9.0）の際、福島第一原子力発電所（原発）は、15mを超える浸水高（小名浜港工事基準面からの浸水の高さ）の津波に襲われ、全電源喪失という深刻な事態に陥った。

　地震発生時、福島第一原発の6基の原子炉のうち、1号機から3号機までは運転中、4号機から6号機までは定期点検中であった。地震後、運転中の1号機から3号機までの原子炉は自動的に停止状態になったが、地震と津波により、外部電源および発電所に備えられていた非常用ディーゼル発電機を含むほぼ全ての交流および直流電源が失われた。原子炉は、停止後も核燃料に発生する崩壊熱を冷却する必要があるが、電源が失われたことにより停止後の原子炉や使用済燃料プールが冷却困難になり、その後冷却不能に陥った。そして崩壊熱による炉心の損傷により放射性物質の外部拡散が生じ、併せて大量に発生した水素により1号機、3号機および4号機において水素爆発が発生した。

　事故処理に当たった関係者の身を賭した活動により、最悪と言えるような[2]事態は避けられたものの、発電所から半径20km圏内の地域は、警戒区域として原則として立入りが禁止され、半径20km圏外の一部の地域も、計画的避難区域に設定されるなどして、15万人を超える住民

---

[1] 土木学会、社会と土木の100年ビジョン－あらゆる境界をひらき、持続可能な社会の礎を築く－、pp. 58-65
[2] 複数の研究機関のシミュレーションによれば、そのまま炉心溶融が進みさらに大量の放射能が放出されれば、首都圏3千万人の避難も必要になったとされる（参考文献 9. 田坂広志 参照）。政府事故調報告では「発電所で事故処理に当たった関係者の身を賭した活動がなければ、事故は更に拡大し、現在よりはるかに広範な地域に放射線物質が飛散したかもしれなかった」と述べている（pp. 448）。

が避難した。さらに、放射能汚染の問題、風評被害などが、広範な地域に深刻な影響を及ぼした。国際原子力事象評価尺度（INES）では最も深刻なレベル7とされた。

（3）重大事故に至った根本的原因

今回の事故原因は突きつめれば、深刻な事故のリスクを有する巨大システムであるにも関わらず、万が一への備えが不十分であったことである。しかしこれは一企業のみの責任ではなく、国際的に見ても遅れていた[3]日本の原子力安全対策総体の帰結であるともいえる[4]。このことを、福島第1原発事故の政府事故調査委員会（政府事故調）の畑村洋太郎委員長は「今回の事故の直接的な原因は、『長時間の全電源喪失は起こらない』との前提の下に全てが構築・運営されていたことに尽きる。」と総括している。

氏は更にその報告書の委員長所感において、「今回の事故で得られた知見を、他の分野にも適用することができ、100年後の評価にも耐えるようにするためには、これを単なる個別の分野における知見で終わらせず、より一般化・普遍化された知識にまで高めることが必要である。」と述べているが、このことこそ技術者倫理につながる視点である。また元原子力安全委員会委員長の斑目春樹氏が引用する「歴史に学ばなければ、歴史が教えに来る」[5]も同様に安全を考える原点といえ、

---

[3] 国際原子力機関（IAEA）は事故の4年前の2007年6月、日本政府に対する総合原子力安全規制評価サービス（IRRS）報告書の中で、「原子力安全・保安院は、リスク低減のための評価プロセスにおいて設計基準事象を超える事故の考慮、補完的な確率論的安全評価の利用及びシビアアクシデントマネジメントに関する体系的なアプローチを継続すべきである。」と一層のシビアアクシデント対策の必要性を助言していた。

[4] 日本政府は、原子力の安全に関する条約 第2回特別会合日本国国別報告（2012年7月）において、「我が国においては、東京電力福島第一原子力発電所事故の発生前まで、シビアアクシデントは工学的には現実的に起こるとは考えられないほど発生の可能性は小さいとされ、規制対象には含まれず、事業者の自主的な取り組みとして対策が進められてきた。」と報告している。

[5] 岡本孝司:証言斑目春樹　原子力安全委員会は何を間違えたのか？、新潮社、2012.11、

技術者倫理の重要な一視点である。

　この事故の根本的原因について、安全に対する個人の意識の問題と組織運営の問題から考えてみる。

①原発が絶対安全であるという「安全神話」により万が一への備えが不十分であった

　海外では 1979 年の米国スリーマイル事故以降、シビアアクシデント[6]対策を安全規制に取り入れ、さらに 2001 年の同時多発テロ事件を機に原発の電源対策が強化されている[7]。しかし「唯一の原爆被爆国」であるとして、原子力の安全性に特段に敏感な国民性を背景に、我が国では「原発は絶対安全である」との説明が求められた。このような状況のもといわば「安全神話」が形成され、我が国ではシビアアクシデント発生の危険性は極めて低いとの前提に立ち、全電源停止への対策や重大な事故の発生を前提とする訓練などのシビアアクシデント対策が不十分な状況に立ち至ったと考えられる。国際原子力機関（IAEA）は本事故に関する事務局長報告書[8]において、日本では原発が極めて安全であると信じられ、その結果、重大な原発事故への備えが十分でなかったと指摘している。そしてシビアアクシデント対策は政府の規制対象とはされず、原発事業者の自主的な取り組みに任されてきた。これらのことは、他国の例も含めた経験と教訓に謙虚に学ぶ姿

---

pp. 197
[6] 原子力発電所で起きる設計時の想定を上回る大事故。過酷事故ともよばれる。あるいは IAEA が整理する原発の安全に関する 5 層の多層防護（深層防護）のうち第 3 層が破られる事故とも言われる。
[7] 米国ICMOrder（セーフガードとセキュリティに関する暫定的補償措置命令）における B.5.b項とよばれるもので、航空機衝突事象を含む事象により施設の大部分が喪失する状況でも炉心冷却能力、格納容器の閉じ込め機能、使用済燃料プール冷却能力を維持・復旧できる緩和策を策定するよう要求している。
[8] 国際原子力機関（IAEA）、福島第一原子力発電所事故−事務局長報告書（事務局長巻頭言及び要約）、2015.8

勢が不十分であったためだとも言えよう。
　一方今回の事故を契機に、極めて大規模な事故や災害のリスクに対しては、従来採用されてきた「発生確率×被害の規模」という計算式によって判断するだけでは不十分との指摘もなされている。すなわち、そのような災害に対しては、万が一発生した場合の被害の重大さに鑑み、計算される発生確率にかかわらず、一定の緩和策を講じておくべきであるというのである（コラム参照）。その場合住民の避難訓練は重要な意味を持ってくるし、土地利用の制限といった施設と地域の関わりも問題となるだろう。
　なおこのような、万が一への備えが不足していたことに関連して、「想定外」を専門家としての言い訳にしてはならないとの問題も提起されている[9]。

（コラム）
　事故や災害によって重大な被害をもたらす恐れのある施設の防災思想（リスク認識）に関して、以下のような指摘がある。
　「これまで安全対策・防災対策の基礎にしてきたリスクの捉え方は、発生確率の大小を判断基準の中心に据えて、発生確率の小さいものについては、安全対策の対象から外してきた。一般的な機械や建築物の設計の場合は、そういう捉え方でも一定の合理性があった。しかし、東日本大震災が示したのは、"たとえ確率論的に発生確率が低いとされた事象であっても、一旦事故・災害が起こった時の被害の規模が極めて大きい場合には、しかるべき対策を立てることが必要である"というリスク認識の転換の重要性

---

[9] 土木学会長・地盤工学会長・日本都市計画学会長　共同緊急声明(2011.3)では、「今回の震災は、古今未曾有であり、想定外であると言われる。われわれが想定外という言葉を使うとき、専門家としての言い訳や弁解であってはならない。」と述べ、政府事故調報告書においては「東京電力は、地震・津波で福島第一原発がほぼ全ての電源を喪失したことについて想定外であったというが、それは、根拠なき安全神話を前提にして、あえて想定してこなかったから想定外であったというにすぎず、その想定の範囲は極めて限定的なものであった。(pp.405)」としている（参考文献1に詳説）。

であった。
　その場合、一般的な機械や設備等の設計については、リスク論において通念化されている『リスク＝発生確率×被害の規模』というリスクの捉え方でカバーできるだろうが、今回のような巨大津波災害や原子力発電所のシビアアクシデントのように広域にわたり甚大な被害をもたらす事故・災害の場合には、発生確率にかかわらずしかるべき安全対策・防災対策を立てておくべきである、という新たな防災思想が、行政においても企業においても確立される必要がある。」
（政府事故調報告書Ⅵ 総括と提言　2重要な論点の総括（3）求められるリスク認識の転換」より抜粋（P.412））

②技術の専門分化が縦割りの弊害を生じ、総合的安全性確保の思想が共有されなかった

　事業者の自主的な取り組みとされたシビアアクシデント対策についてみると、原発事業は大きな組織経営を必要とするものであるので、安全対策もいきおい個々の専門部署で分掌された。
　福島第一原発システムは、津波高が設定高さを越えてきた場合にはすべての電源が喪失する危険性の高い設計となっていたが[10]、そのリスクの重大性を考慮したシビアアクシデント対策が不十分であった。すなわち変電所から原発本体に到る外部交流電源の耐震性強化、非常用発電機の分散配置、津波を避けた場所での予備直流電源の確保、あるいはこれら施設の水密化などが実施されていなかった。具体的には、たとえば各原子炉に 2 台設置されていた非常用発電機のうち1台を高台に配置するなどである。
　原発事故の社会に及ぼす被害の深刻さを考えて、想定される高さ

---

[10] 今回は地震による送電鉄塔倒壊のほか、開閉所（電路の開閉を行う所）の津波による損傷、また1～5号機用非常用発電機の水没などがあり結局津波により1～4号機の全電源喪失をもたらした。

を越えた津波が来ても致命的な損傷は受けないようシステムを設計すべきであったが、今回の場合は、原発システム総体としての安全、あるいは人々にとっての安全すなわち社会安全の意識は津波の専門家、電気工学専門家、原子炉専門家等の間で共有されることはなかったと思われる[11]。ここでいう津波の専門家とは土木学会の関連委員会ということになるが、政府事故調報告書は、その土木学会が作成した「津波評価技術」に対して、この手法で算定される津波水位を超える津波の襲来の可能性に言及していた方が良かったとの見解を述べている[12]。これは異なる専門分野間のリスク認識の共有を促進し、縦割りの弊害を緩和する努力を求める指摘とも言えよう。

(4) 技術者倫理の観点からの考察と設問

今回の事故と災害は、様々な教訓を残している。これらをより一般化・普遍化された知識、思想として理解し、自らの業務に反映することを考えてみる必要がある。これはまさに土木学会倫理要綱が求めていることの具体的な実践である。なお本テーマは、行動規範のうち、1.（社会への貢献）、3.（社会安全と減災）、4.（職務における責任）に特に関係していると考えられる。

①歴史に学び伝承することについて考えてみよう

今回のような大きな事故や災害の経験と教訓は、個々人とその集合体である社会に共有され、伝承される必要がある。しかし実際には、それら体験者が社会の第一線を退くとその重大性や回避のための工夫

---

[11] 土木学会原子力土木委員会津波評価部会首藤主査は、「津波は地震から完全に説明できるわけではないので、原発ではいかなる状況下でも、少なくとも冷却補機は必ず動くようにすべきといい続けてきた。」との趣旨の発言をしている（政府事故調中間報告 p. 445）。

[12] 政府事故調中間報告 pp. 489-490。なおその後この課題も含めて新たな津波評価手法として、土木学会より「確率論的津波ハザード解析の方法」（2011年9月）が発表されている。

は十分には伝わらないかもしれない。工学の分野では大きな事故などの教訓は技術基準の改訂や技術開発の形で伝承されることも多い。例えば、米国タコマ橋落橋の経験はその映像とともに長く語り伝えられて耐風設計技術の進歩をもたらした。しかし、時代を経て基準の意味するところや、背景となった事故・災害の経験と教訓が伝わらないために、類似の失敗を繰り返すことも多い。

　自ら関わる業務において、東日本大震災の経験と教訓がその後の業務や研究に生かされているだろうか？あるいはその他の事例で、過去の経験と教訓が技術者の間で適切に伝承されているか、良い事例、あるいは改善すべき事例を考えてみよう。

②専門分化や縦割りの弊害を見落としていないか考えてみよう

　極めて広範囲にわたる分野の専門家が関与して設計・運用するような施設では、単に本体だけでなく、分野横断的に全体システムの安全性に対処すべきことを、今回の事故は教えてくれている。専門分化は技術進歩にとってはやむを得ないのであろうか？

　自ら関わる業務において、たとえば維持管理現場で問題となっている課題が設計部門までフィードバックされないといった、専門分化や縦割りの弊害を見過ごしていないだろうか？弊害があるとすればどのように対処すれば良いか考えてみよう。

③重大事故・災害のリスク回避のため、万が一に備えることの必要性について考えてみよう

　耐震設計の分野では 1995 年の兵庫県南部地震の経験を踏まえて、土木関係の諸基準において、地震外力としてレベル 2 地震動の考えが導入され、極めて稀な地震により損傷が生じたとしても致命的な損傷にならないような設計を行うこととなった。津波においても 2011 年東北地方太平洋沖地震に伴う津波の経験を踏まえて、2 段階の津波レ

ベルを導入し[13]、このような大きな津波に対しても堤防のねばり強さを増し、土地利用を調整するなど、あらかじめ減災への備えをすることとなった。これらは従来の設計外力を超える外力をも考えた、進んだ安全設計思想といえる。

　河川堤防などの治水施設、地下鉄道などの公共施設では、異常気象時や地震時に重大な災害となること防ぐために、二重三重の安全対策、フェイルセーフ設計等の安全対策が講じられていると考えられる。地震、台風などの自然災害に対して、身の回りの公共施設に於いては万が一への備えがどのように考えられているのか調べてみよう。

　（古木守靖元土木学会専務理事に執筆協力いただいたことを付記する）

【参考文献】

1) 土木学会、社会安全推進プラットフォーム　社会安全研究会　報告書、2013.6
2) 土木学会東日本大震災フォローアップ委員会、原子力安全土木技術特定テーマ委員会、原子力発電所の耐震・耐津波性能のあるべき姿に関する提言（土木工学からの視点）（案）、2013.7
3) 東京電力福島原子力発電所における事故調査・検証委員会（政府事故調）最終報告、2012.7
4) 東京電力福島原子力発電所事故調査委員会（国会事故調）国会事故調報告書、2012.6
5) 東京電力、福島原子力事故調査報告書、2012.6
6) 古川元晴、船山泰範：福島原発、裁かれないでいいのか、朝日新書、2015.2
7) 柳田邦男：「想定外の罠」大震災と原発、文芸春秋、2014.3
8) 畑村洋太郎：未曾有と想定外、講談社現代新書、2011.7
9) 田坂広志：官邸から見た原発事故の真実、光文社新書、2012.1

---

[13] 土木学会「東日本大震災後における津波対策に関する現状認識と今後の課題」2014.9

10) 船橋洋一：原発敗戦　危機のリーダーシップとは、文春新書、2014.2
11) 塩谷善雄：「原発事故報告書」の真実とウソ、文春新書、2013.2
12) 加藤尚武：災害論、世界思想社、2011.11

2. 土木技術者の倫理に関する事例研究

事例-1　防潮堤により人命、生活を守る

　A県B市では、2011年3月11日に発生した地震の後に襲来した津波によって、風光明媚な観光地でもある地区が壊滅し、また数百名の犠牲者を出した。震災後の専門家による技術的な検討により、避難することを基本としつつ、施設整備により数十年から百数十年に一度発生する津波（L1津波）に対しては人命・財産を守り、これより頻度の低い巨大津波（L2津波）に対しては、住民の生命を守ることを最優先とし、避難を軸に、土地利用、避難施設、防災施設などを組み合わせて総合的防災対策を構築するという、二つのレベルの津波を想定した津波対策を構築する考えが提唱された。

　海岸管理者であるA県は、この考えに基づいて、施設の設計を行うための津波の水位を決定し、B市を含む県下の自治体の考えも聞きながら、防潮堤の高さを検討している。中小規模の集落があるB市のC地区では、沿岸部の住民が高台に移転することを前提に、A県は高い防潮堤を造らないこととした。

　一方、市の中心部に位置し、全国的に観光地として知られているD地区については、被災した際の被害者数が膨大と想定されることから、A県は高さ15mの防潮堤を造ることとし、B市とともに住民説明会を行った。そこでは、「景観が損なわれ、この地区の観光価値はなくなって観光業は壊滅する。」「コンクリートの塊で囲うような環境破壊は止めて欲しい。」「海が見えなくなると、かえって逃げ遅れる。」などの意見が出された。また、「高い防潮堤ができても、超えてくる津波はあるのでしょ？」など、計画そのものに不信感を持つ住民も少なくなかった。一方、住民説明会では「県の計画より高い防潮堤を造ってほしい。」「津波（L1）の夜間の発生や避難弱者を考慮して、L1高さの防潮堤を早く造ってほしい。」という意見もあった。市長は、市が海の恵みを活かし成り立っていることを勘案すると、長期的なま

土木技術者の倫理を考える －3.11と土木の原点への回帰－

ちの発展のためには海の近くの生活の場は不可欠であり、人が人生で一度遭遇するくらいの津波に対しては、防潮堤でしっかり守る必要があると考えているが、一部の住民の景観や環境に関する懸念に応えられないことに悩んでいる。A県の海岸担当課長は、市長の思いも踏まえて、どのような計画が望ましいのか、悩みながら検討している。

事例の理解のために

■二つのレベルの津波を考慮した津波対策

すべての人命を守ることを前提とし主に海岸保全施設で対応する津波のレベルと、海岸保全施設のみならず「まちづくり」と「避難計画」をあわせて対応する津波のレベルの二つを設定するものである。前者は海岸保全施設の設計で用いる津波の高さのことで、数十年から百数十年に1度の津波を対象とし、人命および資産を守るレベル（以下、「津波防護レベル」）である。後者は「津波防護レベル」をはるかに上回り、構造物対策の適用限界を超過する津波に対して、人命を守るために必要な最大限の措置を行うレベル（以下、「津波減災レベル」）である。ただし、地震発生後に来襲する津波に対して避難の要否を予測することは現時点の技術では困難なので、地震発生後は必ず避難しなければならない。

■専門家と公衆

公衆とは、技術者のサービスの結果について、同意を与える立場になくて影響される者のことを言う。

公衆が技術者に対して抱く「信頼」とは道徳的秩序に対する期待に基づくものであり、それは技術者の能力に対する期待と技術者の意図に対する期待からなる。能力に対する期待は言うまでもなく専門家としての知見の有用性に関係している。一方、意図に対する期待は動機と言い換えることもでき、公平性、公正性、客観性、一貫性、正直性、

透明性、誠実性、思いやりといったものに基づいている。相手の意図に対する期待は、情報に依拠しない「安心」と情報に依拠する「信頼」に分けられる。つまり、「信頼」とは、不確定な要因が存在することを認識した上で相手を信用することである。「安心」とは、不確定な要因が存在することを認識せずにいられる状態である。

> 問題点

- 二つのレベルの津波を考慮した津波対策の考え方においては、3.11の経験を踏まえて、地震発生後に来襲する津波に対して避難の要否を予測することが困難であることから、避難を行うことも述べている。つまり、いずれにしろ津波の襲来が観測された場合には、直ちに逃げることが最善の対策である。そうすると、高い防潮堤を建設すると、かえって津波を観測しにくくなり、避難が遅れたり、防潮堤を過信して逃げなかったりといった行動が多くなる可能性もある。
- 3.11においては2万人近い死者を生んだ。専門家が建設した防潮堤や防波堤を超えて津波が襲来した。社会的に影響の大きい施策の決定に当たっては、専門家が有する知見を知らせてもらったうえで、公衆自らが判断に加わってはとの意見もあり得よう。
- 人が住み続けていく地域であるためには、社会的・経済的安定が重要であり、安心して生業を営み、生活できるまちづくりが不可欠である。このためには比較的頻度の高い津波に対しては人命のみでなく、生業や財産を守ることも重要である。くわえて、防潮堤を建設せずに、万一、巨大津波の発生により再び多くの犠牲者を出した場合、県や市は、安全配慮の義務を怠ったとして住民からその責任を問われるような事態が発生することが考えられる。
- 住民が一定数を超えた場合、意見を一つに集約することは容易でなく、価値観や個々の状況により意見が分かれ、それは容易に合意されないかもしれない。また、まちが連綿と存在してきており、これ

からも存続することを考えると、現在生活している住民だけでなく、次世代・次々世代など長期にわたってまちのあり方を考えることが重要である。
- 3.11を経て、自然の脅威の前では、専門家の知見による対応も必ずしも十分ではないことが市民の目に明らかとなった。そのような状況で、土木技術者が専門家として提案する二つのレベルの津波を想定した津波対策の考え方から、機械的に計算される津波高で設計された防潮堤を強制的に造るのであれば、市民が納得しがたい部分があることは理解できる。東日本大震災の被災各地で対応されているように、しっかりと住民の意見を聞きながら防潮堤の位置や高さを決めていくことで土木技術者の信頼を得ながら進めていくことが重要ではないだろうか。

考察

関連する行動規範
1. （社会への貢献）公衆の安寧および社会の発展を常に念頭におき、専門的知識および経験を活用して、総合的見地から公共的諸課題を解決し、社会に貢献する。
2. （自然および文明・文化の尊重）人類の生存と発展に不可欠な自然ならびに多様な文明および文化を尊重する。
3. （社会安全と減災）専門家のみならず公衆としての視点を持ち、技術で実現できる範囲とその限界を社会と共有し、専門を超えた幅広い分野連携のもとに、公衆の生命および財産を守るために尽力する。

　行動規範1において、「公衆の安寧および社会の発展」とあるが、「安寧」あるいは「安全」と「社会の発展」は時に両立が困難な場合がある。津波から人命を守るためには一定高さの防潮堤が必要であるものの、それが環境や景観を損ない、それに依存して生計を立てている地域社会の発展を阻害することがあり得る。土木技術者の社会使命は「公

共的諸問題を解決」することであり、単に決定された社会基盤施設を建設することではない。建設するべきか否かという問題についても専門家として積極的に関わっていくべきである。また、技術者には「専門分野においてのみ事業を行う」という規範があり得るが、土木技術者にあっては「過度の専門性」につながりかねない考え方であり、土木学会初代会長であった古市公毅が諌めている。総合的に住民の安寧と地域の発展の両立の道を探ることが課題の解決への道であるが、その道は容易には得られない場合もある。

行動規範2において述べられているように、「自然ならびに多様な文明および文化」は「人類の生存と発展に不可欠」であるが、安全と環境保存や地域発展との両立は容易なことではない。しかし、一般の市民との対話を丁寧に重ねながら、その困難を克服して適切な答えを探す努力をしてゆかなければならない。文明や文化は、国により、また地域により多様であり、その多様性を尊重しなければならないが、それを尊重しつつどのように安全を担保していくのかという課題がこの問題のもっとも困難な点である。

行動規範3においては、東日本大震災のような災害を二度と起こさないよう、土木技術者のとるべき行動を明確に示している。第一には、「その限界」、「守るために尽力」という部分で、「防災」でなく「減災」であることを強調し、見出しを「社会安全と減災」としている。また、「専門を超えた幅広い分野連携のもとに」として、専門性を保持しつつ他分野との連携を重視する考えを述べている。土木分野の発展ではなく、目的はあくまで公共的な諸課題の解決であり、さまざまな分野が連携して、「専門知識および経験」にもとづき得られた「技術」を駆使しつつ、ただし、その技術による実現には限界があることを理解してもらえるよう、公衆に十分な説明をしていく責務がある。技術者の有する知見は時に不十分であることは避けられない。そのような制約の中で適切な解を探ってゆかなければならない。

防潮堤の高さや位置を決めるにあたっては、背後地に居住する住民

の避難や地域経済を支えるまちづくりのあり方とあわせて検討する必要がある。このため、津波、高潮から海岸を防護し、国土を保全する責任（海岸法）を有するA県は、住民の生命、財産を災害から保護する責任（災害対策基本法）、都市計画等に関する責任（都市計画法）を有しているB市と十分に調整する必要がある。

　防潮堤の高さを低くする、あるいは、防潮堤を建設しないという案を採用することは、住民や観光客は良好な景観を享受でき、漁業者は港や海浜へのアクセスを維持できる等のプラスの効用を得られる。一方で、この案は、人的・経済的被害の程度も大きくなるというマイナスの影響が生じ、あわせてB市の負担も大きくなる。

　さらに、環境や利便から受けるプラスの効用については、住民が日常生活・活動において主体的に捉えることができるので、比較的容易に住民等の意向を確認しやすい。一方、災害によるマイナスの影響については、人生において一度遭遇する程度の津波のリスクを実感することが難しく、また、理解をしていたとしても夜間に災害が発生した場合、家族に高齢者がいる場合などにおいては的確な行動がとれるとは限らない。防潮堤の高さや位置を検討する場合には、このような点にも十分配慮することが必要であろう。

さらに考えてみよう

　防潮堤を建設して人命や生活を守る責務を実際に遂行する立場にある自治体の取組や、そこに住む住民の意見や活動を自ら調べ、「防潮堤により人命、生活を守る」にはどのようにすれば良いのか、さらに考えてみよう。

【参考文献】

1) 土木学会、津波特定テーマ委員会 第3回報告会資料、2011.9.11
2) 杉本泰治、高城重厚：技術者の倫理入門、丸善、2002.4

3) 日本技術士会、科学技術者の倫理・その考え方と事例、丸善、1998.9
4) 山岸俊男：信頼の構造―心と社会の進化ゲーム―、東京大学出版会、1998
5) 山本史華・杉本裕代編（皆川勝他11名共著）：リレー講義・ポスト3.11を考える、萌書房、2015.5

事例-2　文化財改築における視点

　土木学会土木史研究委員会の「日本の近代土木遺産〜現存する重要な土木構造物2800選」において、最も重要な土木遺産で国指定重要文化財に相当するAランクと評価されていた「余部鉄橋」が架け替えられた。

　旧鉄橋は明治45年に完成して約100年間、山陰本線の運行を支えるとともに、長さ309.42m、高さ41.45mの規模を誇る日本一長いトレッスル式橋梁であることから、但馬地域の貴重な観光資源であった。また、近代土木遺産としても高い評価を受けており、鉄橋の保存を求める多くの声が寄せられていた。

　一方で、昭和61年12月28日の突風による列車転落死傷事故をきっかけに、余部鉄橋を通過する際の風速に対する運行抑止基準が強化され、列車の遅延・運休本数が大幅に増加し、地元住民の生活に大きな支障が生じた。

　余部鉄橋の取り扱いに対する意思決定機関である「余部鉄橋対策協議会」は、景観的価値や歴史的価値を踏まえた総合的な検討を経て、列車運行の安全性と定時性確保を重視して新橋架替えを決定した。

　近代土木遺産として高い評価を受けていた歴史的建造物の保存と、地元住民の生活を守る列車運行の安全性・定時性の確保、どちらを優先すべきなのか。

事例の理解のために

■余部鉄橋

兵庫県美方郡香美町香住区余部、JR山陰本線鎧・餘部間に位置する。鉄橋は海岸から約70mと非常に近接しており、常時潮風を受けている。特に冬季は北西からの強い季節風が潮の飛沫を運んでくるため、鋼材腐食の進行が早い。

トレッスル式高架橋
- 橋台面間長：309.42m
- 高さ：41.45m
　（河床からレール面まで）
- 竣工　明治45年

架替え前の余部鉄橋7

■架替えの背景

<腐食との戦い>

現鉄橋は計画当初から懸念されていた潮風による鉄橋の腐食に常に悩まされていた。完成から3年後には塗装が必要となり、5年後の大正6年から昭和40年までの48年間に渡り、「橋守」と呼ばれる鉄橋保守専従の人たちによる献身的な防錆塗装補修が行われてきた。また、昭和32年から昭和50年にかけて、橋脚の主部材と桁以外の副部材の取替えなどの修繕が行われてきた。

<列車転落事故の発生>

昭和61年12月28日午後1時25分頃、福知山発浜坂行の下り回送列車が余部鉄橋を走行中、最大風速33m/secの突風にあおられて客車7両が41m下に転落し、水産加工場と民家を直撃した。この事故で、水

産加工場で働く地元の女性従業員5名と車掌1名が死亡し、6名のけが人が出た。転落したのは山陰お買い物ツアーの臨時お座敷列車「みやび」の団体用客車で、176名の乗客が香住駅で下車した直後の出来事だった。

＜列車運行規制の強化に伴う遅延・運休の増加＞

この悲惨な事故をきっかけに、風速に関わる運行抑止基準は25m/sから20m/sとなった。これにより、特に冬季に集中して列車の遅延・運休本数が大幅に増加し、列車運行の安全性と定時性の確保が大きな課題となった。

　　影響列車本数（30分以上の遅延）　　　168本/年
　　運休本数　　　　　　　　　　　　　　 84本/年
　　　　（平成6～15年の10年間実績平均値：兵庫県交通政策課）

＜風速規制対策（防風壁設置の検討）＞

風速規制への対策を技術的に検討するために、平成6年には学識経験者および関係者からなる「余部鉄橋技術研究会」、平成10年には鉄道関係者と自治体からなる「余部鉄橋調査検討会」が組織され、防風壁設置の技術的課題が検討された。

各技術研究会・調査検討会の最終結論として、"現鉄橋への防風壁設置には、補強等何らかの対処が必要であるが、補強の可否、維持管理の方法等については、鉄道事業者の検討、判断が必要である"と報告した。

この結論を受け、鉄道事業者の西日本旅客鉄道は、"余部鉄橋が建設後90年ということもあり、将来にわたって橋梁の安全性を確実に担保しなければならない鉄道事業者としての立場から、防風壁設置にともなうリスクが大きいため採用しがたい"という結論を出した。

＜新橋架替えの決定＞

平成14年に、「余部鉄橋対策協議会」において、定時性確保対策と

して鉄橋を架け替える方針を決定した。

問題点

「日本の近代土木遺産～現存する重要な土木構造物2800選」において、Aランクと評価されており、約100年間現存する本橋梁の架替え工事の再考を望む声が上がった。一方で、住民の生活・安全に支障があり、架替え工事を希望する声もある。この相反する意見に対し、土木技術者としてすべての意見を集約し、完全に満足させることは困難である。

考察

関連する行動規範
2. （自然および文明・文化の尊重）人類の生存と発展に不可欠な自然ならびに多様な文明および文化を尊重する。
3. （社会安全と減災）専門家のみならず公衆としての視点をもち、技術で実現できる範囲とその限界を社会と共有し、専門を超えた幅広い分野連携のもとに、公衆の生命および財産を守るために尽力する。

行動規範2に「多様な文明および文化を尊重する」とあるが、土木遺産で国指定重要文化財に相当すると評価された余部鉄橋を架け替えることはこの規範に反していると言えるのではないか。

実際に、現鉄橋の保存を求める多くの声が寄せられ、土木学会土木史研究委員会から余部鉄橋対策協議会会長宛へ「現鉄橋を保全的活用に関する要請文」が出された（別紙資料参照）。

また、工事が始まる段階になって、地元の観光関係者らを中心に現鉄橋の使用継続などを訴える「余部鉄橋を思う会」が発足し、「工事再考のお願い」が出された。

一方、行動規範 3 では「公衆の生命および財産を守るために尽力する」とある。鉄橋直下の住民から、「愛着はもちろん十分にあるが、落下物の危険や騒音など、現鉄橋は私たちの生活の不安材料でもある。新橋に架け替え、現鉄橋を撤去してほしい」との意見が出されている。この意見に答えることもまた必要と言える。

地元住民および住民を代表する香住町長（当時）の意見を以下に示す。

> 歴史・景観学的立場からの意見は十分に首肯できる。しかし、地元民の生活体験から来る意見もまた、決して無視することはできない。
>
> 但馬の冬季は雪の影響もあり、車より鉄道利用客が多い。また、中学生や高校生の通学、高齢者の病院通いはほとんどが鉄道を利用している。山陰本線は沿線住民にとって日常生活の足なのだ。その足が正常に動かなければ、日常生活そのものが成り立たなくなる。時刻表通りの列車の発着、それが定時性の確保である。「冬場でも列車を停めないで平常通り運行してほしい」。目的地へ行くのに複数の交通手段が利用できる都市部の生活者には実感が湧かないかもしれないが、但馬地方の交通手段は山陰本線一本だけなのである。たった一本の鉄道の列車ダイヤが全くアテにならないのは大変なストレスなのである。

さて、皆さんはどちらの意見により共感ができ、自分がもし架替え決定の委員として参加していたならどう判断するか。

【参考文献】
1) 兵庫県香美町、さようなら！ありがとう！そして後世へ‥ 余部鉄橋 余部鉄橋の有終を刻む、2007.2
2) 兵庫県、鳥取県他、余部橋梁架替事業、2007.5
3) 金子雅、中原俊之他：余部橋りょう改築の施工と技術、土木施工、2010年9月号

土木技術者の倫理を考える　－3.11と土木の原点への回帰－

平成15年5月7日

余部鉄橋対策協議会
会長　井戸敏三兵庫県知事　殿

(社)土木学会　土木史研究委員会
委員長　中村　良夫（東京工業大学名誉教授）

餘部橋梁の保全的活用に関する要請

　新緑の候、貴協議会におかれましては益々ご清栄のこととお慶び申し上げます。
　さて、(社)土木学会土木史研究委員会では『日本の近代土木遺産―現存する重要な土木構造物2000選』をまとめ、平成13年3月に刊行致しました。その中で餘部橋梁はAランクに評価されています。ちなみにAランクに相当する構造物は全国で432件現存しており、いずれも文部科学省指定の重要文化財に該当するものと本委員会では位置づけております。餘部橋梁は現存する鉄道橋鋼トレッスル・プレートガーダー橋として規模が大きいだけでなく、わが国の鉄道橋のある風景としても最も有名なものであります。しかし貴協議会におかれましては、鉄道の定時制確保のため、餘部鉄橋の架け替えまで視野に入れた計画案の検討を進めておられると伺いました。
　21世紀の地域づくりでは、その地域のアイデンティティをどこに求めるかということが最も重要となります。20世紀までは、便利で暮らしやすい町を目指してきましたが、それは必要条件であっても、十分条件ではありません。暮らしやすくとも、個性のない町には魅力はありません。暮らしやすく、かつ他に代えがたい魅力のある町、住民が「誇り」にできる文化が存在する町こそ、これからの地域づくりの目指すべき方向と考えます。餘部橋梁は近代化遺産としての重要性、希少性、知名度、そのランドマーク的なデザインとスケールから見て、十分「誇り」にできる文化資産であり、建設当時の関係者の意気込みや努力、チャレンジ精神を今に伝える他に例のない「正の遺産」といえましょう。まずはそのことを是非ご理解いただきたいと思います。
　強風による列車の停止や遅延による鉄道の定時性低下が、貴地域の住民の生活や観光に無視できないマイナス影響を与えていることは理解できます。またこれまでに、餘部鉄橋への防風壁設置など慎重な対策の検討結果を踏まえて、新橋の建設という選択をご検討されていることも承知しております。いずれも、その最終的な目的が、貴地域の魅力を高めて地域を活性化することであると拝察します。そのために鉄道という公共交通機関の定時性確保は重要な方策ではありますが、歴史的文化遺産を尊重したまちづくり、歴史的構造物の維持管理のための先端的取り組みもまた、地域の有力な魅力づくりの方策と考えます。歴史的な構造物を補修し、保存活用することは、決して平凡な仕事ではありません。保存と創造を融合するような革新的構造システムへの挑戦こそが、未来にむかって地域の「誇り」となる文化を築くはずです。
　最終的な地域活性化のための方策として、どれが最も望ましいか、費用対効果、将来性、効果の持続性、文化的意義など、広い視野での検討が必要と思われます。新橋建設による定時性向上の効果と、代替不可能な文化財である餘部橋梁の廃橋・撤去との得失を今一度総合的にご検討いただきますよう、要請いたします。

事例-3　東日本大震災に伴う原子力発電所事故発生時の土木関係者の対応

　平成 23 年 3 月 11 日に発生した東北地方太平洋沖地震は観測史上日本国内最大であり、マグニチュード 9.0 の東北地方太平洋沖地震は地震に起因する被害を含め、「東日本大震災」と呼ばれる。特に地震に伴って発生した大津波は、2 万人近い死者をはじめ各所に大きな被害をもたらした。

　津波に襲われた福島第一原子力発電所の事故は、原子力発電所史上、世界にも例のない大きな影響をもたらす事故となった。事故の発生状況・処理過程・地域被害と対応・復旧と今後の方策などについては、多くの報告書・マスコミ報道・専門家の意見等がある。ここでは、土木技術者の倫理問題を考える事例として、「東日本大震災合同調査報告書　土木編 5　原子力施設の被害とその影響」（土木学会）の「第 2 章　震災の事例と教訓　2. 福島における土木関係者の行動第一原子力発電所」から福島第一原子力発電所における土木関係者の行動を紹介する。

【福島第一原子力発電所(報告書に則り 1F)における土木関係者の行動】
　以下の状況説明は、上記報告書から土木関係者の行動に関する部分に着目して引用した。ただし、一部わかりにくい言葉については、言換えまたは加筆している。

(1) 地震・津波直後の土木設備被害状況把握の対応
　地震発生当時、1F の土木技術者は現場管理等で各現場へ出向いていた。
　2007 年 7 月 16 日に発生した新潟県中越沖地震で当社（東京電力：引用者注、以下同様）土木設備が大きな被害を受けた中、土木関係者が迅速に初動対応にあたった経験から、1F 土木関係者は事務所と連絡を取りながら直ちに被害状況の把握に努めていた。デジカメを所有していた担当者は、地震の揺れが収まってから大津波警報、原

子力災害対策特別措置法（以下原災法）10条（原子力防災管理者の通報義務等）、15条（原子力緊急事態宣言等、屋内への退避の記述あり）に伴う免震重要棟への避難までの間、付近の被害状況を記録するため各所を撮影していたことが、記録により確認できる。

(2) 人・モノが絶対的に不足しかつ放射線による過酷な環境下での瓦礫撤去等事故対応

　津波と原子炉建屋の水素爆発による瓦礫が辺り一面に散乱し、防護服と全面マスクを装着しないと現場へ出られない中、土木関係者は瓦礫撤去や道路復旧等アクセスルート確保のため懸命に対応した。

　東京電力土木関係者だけですべて対応できるはずもなく、地震当日に構内で従事していた協力企業職員や下請会社の重機オペレーターの方々などが構外へ避難せず自主的に留まってもらえたことが、初動対応への貢献度としては非常に大きかった。

　構内にいた要員で資機材をかき集め、バックホウによる瓦礫撤去、被災箇所のアスファルト舗装や路盤材を壊してその場で応急復旧するなど、当時としては出来る限りの初期対応にあたっている。

(3) 現場で事故対応にあたったメンバーの安否確認

　当時、1Fに在籍していた東京電力土木関係者は、現場での事故対応や対策方法の検討、情報収集などで多忙を極めており、家族との連絡すらままならない状態であった。そこで、事故の推移を見守り要員派遣の検討を進めていた本店等を中心とした社員（土木関係者）が、社内保安電話回線で1F現場と連絡を取り、各家族へ安否情報を毎日報告していた。これにより、1Fの東京電力社員（土木関係者）は安心して事故対応に専念することができた。

事例の理解のために

■東北地方太平洋沖地震
　東北地方太平洋沖地震は、日本時間 2011 年 3 月 11 日 14 時 46 分に発生した。震源は仙台市の東方約 70km、北緯 38 度 6 分 12 秒・東経 142 度 51 分 36 秒（日本気象庁発表）、震源の深さ 24km、モーメントマグニチュード 9.0、最大震度 7 であった。

■福島第一原子力発電所
　福島県双葉郡大熊町の北緯 37 度 25 分 17 秒・東経 141 度 02 分 01 秒に位置し、原子炉は 6 機設置されている。東日本大震災の影響で 1～4 号機で炉心熔融・建屋爆発等が発生し、チェルノブイリ原子炉事故同等の INES レベル 7（最大）の事故となった。5・6 号機は当日定期点検中のため稼働していなかった。すべての原子炉の廃炉が決定され、5・6 号機は既に廃止されているが、1～4 号機は使用済み核燃料の除去などを要するため、詳細の見通しが立っていない。

考えてみよう

　緊急時の行動は従来の経験と知識によるところが多いが、自らの信条あるいは環境によっても判断は異なると思われる。福島第一原子力発電所事故発生時の土木関係者が取った行動が報告されているが、自分だったらどうしただろうか。

考察

関連する行動規範
1. （社会への貢献）公衆の安寧および社会の発展を常に念頭に置き、専門的知識および経験を活用して、総合的見地から公共的諸課題を解決し、社会に貢献する。
4. （職務における責任）自己の職務の社会的意義と役割を認識し、そ

の責任を果たす。

5. （誠実義務および利益相反の回避）公衆、事業の依頼者、自己の属する組織および自身に対して公正、不偏な態度を保ち、誠実に職務を遂行するとともに、利益相反の回避に努める。
8. （自己研鑽および人財育成）自己の徳目、供用および専門的能力の向上をはかり、技術の進歩に努めるとともに学理及び実利の研究に励み、自己の人格、知識および経験を活用して人材を育成する。

　福島第一原子力発電所1Fの土木関係者は、一般的な土木技術者に比べ、原子力発電所のシステムを理解していると考えられる。それだけに事故発生時の原災法15条に基づく避難の緊急性も認識されているはずである。そのような状況にあって、過去の地震で土木設備が大きな被害を受けた経験を踏まえて付近の被害状況を確認し記録したことは、職務の社会的意義と役割を認識して土木構造物の健全度確認という職務上の責任を果たそうとするが故の行動と言え、以前の地震時の対応も生かされている。土木関係者組織としての自己研鑽の成果であり人材育成の成果でもあると言える。

　また、過酷な環境下において社員だけでなく関連する土木従事者が構外へ避難することなく自主的に留まり、専門技術を駆使して瓦礫の撤去、道路の応急復旧などにあたったという。関連する土木従事者が自主的に復旧に携わったことは、職場における責任あるいは利益の範囲を超えた誠実な行動であり、利益を目指すものではない行為と考えられる。

　さらに、現場で作業を行う土木関係者以外の土木社員は、現地従事者の状況を毎日家族に伝えるなど、現場従事者が作業に専念できるような環境づくりを進めており、本社、1F、復旧現場の土木関係者一丸となった活動を展開している。電力供給という社会インフラを提供する会社の土木・建築設備の機能を保全することの重要性を認識して職務における責任を誠実に果たし、社会へ貢献しようという努力が覗え

る土木関係者の行動と言えるのではないか。

さらに考えてみよう

関連する行動規範
3. （社会安全と減災）専門家のみならず公衆としての視点を持ち、技術で実現できる範囲とその限界を社会と共有し、専門を超えた幅広い分野連携のもとに、公衆の生命および財産を守るために尽力する。

　緊急時に土木技術者は、公共的性格の強い建造物の管理者として使用者の安全確保にあたらなければならない場合が多く、自らが管理者の立場でなくとも、専門家として管理者に適切なアドバイスをしなくてはならない。また、本事例のように率先して緊急対応のために行動しなくてはならない場合もある。
　一方、管理組織においても、緊急対応組織が設置され、非常時の陣容の確保、指揮命令系統の整理、例えば指揮者不在の際の代行者の取決め等がなされなければならない。また、行動マニュアルを定め、そのマニュアルには経験・社会的要請および技術革新を適切に取り入れる必要があり、さらに、想定している範囲を超える事象、いわゆる「想定外の事象」への対応も可能となっていなければならない。
　ただし、いずれの場合でも本人の安全確保ならびに家族等に対する組織的支援がなければ職務に専念することは難しい。
　土木技術者が、「公衆の生命および財産を守るために尽力する」ためには、地域社会の理解のもとに、非常時に機能できる地域社会の体制を作ったうえで、平常時に研鑽を積み災害等の非常時に備えることが大切である。

■関連事例〜女川原子力発電所〜
　女川原子力発電所は、宮城県牡鹿郡女川町(一部石巻市)の北緯38度24分04秒・東経141度29分59秒に位置し、震源から最も近い原子力

発電所である。原子炉は3機設置されており、当日、1・3号機は自動停止し、2号機は定期点検中のため稼働していなかった。原子炉建屋はOP+14.8mの高さに設置され、地震で約1m地盤沈下したものの、直接の津波到達はなかった。原子炉は冷却水として大量の海水を使用するため、海水面からの高さが低いほど経済的であるが、女川の原子炉建屋設置高さの決定にあたっては土木技術者の働きかけが大きいとも言われる。

　女川原子力発電所は、国際原子力機関現地調査で「地震の規模、揺れの大きさ、長い継続時間にかかわらず驚くほど損傷を受けていない」と評価された。

【参考文献】
1) 土木学会、東日本大震災合同調査報告 土木編5 原子力施設の被害とその影響、2014.9
2) ウィキペディアフリー辞典、東北地方太平洋沖地震、福島第一原子力発電所、女川原子力発電所

事例-4　重大死亡事故はなぜ起きたか

　A県のC川の流域では、都市化の進展により、古来氾濫原であった区域を含め急速に住宅開発が進んだため、短時間で洪水が起きるようになり氾濫が多発することとなった。

　そこでA県では、C川の治水対策として、合流するB川の水を上流で分水し、洪水流量を低減することとした。分水路は全長3km余り、そのうち約2.5KmはK住宅地域内市道の地下を通るトンネル構造とした。

　B川分水路は、1973年に工事着手し、1996年に完成した。この地域では、工事完成前15年間で6回の水害が発生していたが、完成後のB川分水路は、調整池・排水機場の整備と合わせ、治水対策として大きな効果を発揮している。

　ここでは、B川分水路整備中に起きた死亡事故について考えてみる。

〈関連工事現場概要〉

　B川分水路トンネル工事は上流・中流・下流と3工区に分割され、河川改修事務所が工事を発注・監督していた。事故が発生した中流区間工区はD建設が受注し、トンネル掘削を行っていた。

　トンネル上流側坑口の前には別途水門工事を受注している建設会社による掘削箇所があった。また、トンネル坑口には、B川上流からの洪水がトンネル内に流入するのを防ぐため、仮締切りが設置されていた。

　この仮締切りは、H鋼・土嚢等を用いた仮設構造物であり、これまでトンネル内の当該工事箇所より上流側に設置されていた隔壁（バルクヘッド）に替わるものとして、事故発生3か月程前に完成し県に引き渡された。管理は、河川改修事務所、担当者はトンネル工事の監督も行っているE課長であった。

　なお、事故当時、トンネル3工区のうち最上流側のトンネル掘削

は完了しており、D建設の工区は上流側坑口と直接つながっていた。

〈事故発生の状況〉

　事故発生当日は台風が接近し、A県河川課から水防指令が出されていた。工事を監督するE課長は、同日午後、トンネル坑口付近を見回った。

　夕方になり特に雨足が強まり、トンネル坑口前の掘削箇所に、隣接する用水路から溢れた水が流れ込み始めた。そして、坑口上流で行われている水門工事の現場作業所からE課長に、「水の勢いが強く止められそうにない」旨連絡があった。

　E課長はD建設の現場作業所に、坑口上流の水門建設現場に水が流れ込んでおり、土嚢を積んで堰き止めていることを伝えた。さらに、トンネル掘削が住宅に隣接した市道下で行われているため、切羽の吹付け（削孔した部分にコンクリートを吹き付けて安定させる作業）をせずに退避した場合、住宅を巻き込んだ落盤事故を招く恐れがあると考え、「まだ大丈夫、切羽の吹付けをしてください」と指示した。

　しかし、吹付けを完了する前に、掘削箇所に溜まった水の圧力で仮締切りが決壊し、一挙に大量の水がトンネル内に流れ込んだ。濁流にのみ込まれるなどして、現場にいたD建設社員、協力会社作業員ら7名が死亡した。

土木技術者の倫理を考える －3.11と土木の原点への回帰－

事例の理解のために

集中豪雨の頻発化あるいは宅地開発による土地の保水力の低下により、雨水が短時間に大量に排水溝や河川に流れ込むようになってきている事例は多い。

この対策として水路の側面・底面をコンクリート張りにするなど、現行河川を改修して通水量を増やす方法も取られているが、地域の将来計画も鑑みた根本的な対策として、分水路を建設し、河川の流量そのものを減らす場合もある。

問題点

なぜ、このような多くの犠牲者を出す事故になったのだろうか。問題点ならびにポイントとして、以下があげられる。
① 台風が近づいていたが、地下で行われるトンネル工事は行われていた。
② 住宅隣接道路の地下工事のため、トンネルが崩落すると、住民を巻き込む大きな災害となる恐れがあった。
③ E課長は地下トンネルが水没した場合の周辺地域への影響を考慮し、掘削現場から避難する前に、掘削面の安定作業をするよう指示した。
④ E課長は「気象」について情報収集・分析をどのように行い、判断、指示をしたのか。
⑤ 非常時の安全管理体制は機能したのか。

考察

関連する行動規範
3．(社会安全と減災) 専門家のみならず公衆としての視点を持ち、技術で実現できる範囲とその限界を社会と共有し、専門を超えた幅広い分野連携のもとに、公衆の生命および財産を守るために尽力する。

4．（職務における責任）自己の職務の社会的意義と役割を認識し、その責任を果たす。

　行動規範第3条および第4条に照らして考えたとき、E課長は第4条を強く意識していた一方、第3条の「技術で実現できる範囲とその限界を社会と共有」することなく、自然の脅威に対して自らが行っている、止水なども含む「技術」について「限界」を見誤るとともに、「専門を超えた幅広い分野」である、「気象」などの情報収集および分析も十分とは言えなかったのではないかと推量される。
　あなたがE課長だとしたら、日常的にどのようなことを心がけ、この事例のような場合に、どの時点で、どのような指示を出すだろうか？

さらに考えてみよう

　技術倫理としては、現場での判断も大事な観点であるが、事故発生の「根っ子」を分析し、今後にどう生かすかが重要である。
　例えば以下のようなことはどう考えられ、実施されていたのか。
① 危険予知：台風が近づく中で工事を実施するという判断は正しかったのか。誰が、いつ、どのような手順で判断したのか。また、それを改める場合の具体的手順は定められていたか。
② 仮締切り：隔壁を撤去して仮締切りにすればリスクは増大する。リスク判断を含め、設計は適切であったのか。設計条件を超える状況への対応はどのように考えられていたか。監視体制を含め、仮締切りを管理する力が河川改修事務所に不足していたのであれば、能力のある第三者への管理委託という選択はなかったか。
③ 安全管理体制：工事の安全管理は工事現場にとって最重要課題である。すべての関係請負人が参加する安全協議会では、通常の工事安全対策にくわえ、非常時の指示連絡体制を定め、訓練などもなされなければならない。特に今回は「緊急時」であったと思われるが、「全事務所的安全管理体制」はなぜ機能しなかったのか。

【参考】本事故に対する裁判

河川管理事務所の E 課長は監督責任を問われ起訴された。以下に裁判における県の主張と裁判所の判決の要旨を示す。

A 県の主張

従来、工事中事故は専ら受注者に責任があると理解されていたため、A 県は「公共工事標準請負契約約款」下記条文を根拠として、現場の危険性の判断は施工者に一義的に責任があること、洪水が仮締め切りの設計水位を超え、仮締め切りが決壊することは予測不可能であったことを主張した。

（総則）
第 1 条 3　仮設、施工方法その他工事目的物を完成するために必要な一切の手段（以下「施工方法等」という。）については、この約款及び設計図書に特別の定めがある場合を除き、受注者がその責任において定める。

（臨機の措置）
第 26 条　受注者は、災害防止等のため必要があると認めるときは、臨機の措置をとらなければならない。この場合において、必要があると認めるときは、受注者は、あらかじめ監督員の意見を聴かなければならない。ただし、緊急やむを得ない事情があるときは、この限りでない。
3　監督員は、災害防止その他工事の施工上特に必要があると認めるときは、受注者に対して臨機の措置を取ることを請求することができる。

裁判所の判断

E 課長の刑事責任の有無は、最高裁まで上告されたが、発注者側監督者である A 県河川改修事務所 E 課長に対して、禁固 2 年執行猶予 3 年

が確定した。なお、一審は禁固1年6か月の実刑であった。

　（理由）
　E課長は当該工事の監督にあたるとともに仮締切りを自ら占有管理する立場にあったことから、仮締切りが決壊する可能性を認識することが出来た。
　したがって、作業員らの危険を回避すべき義務を負っていたと解されるうえ、決壊を予見することが出来たのであるから、作業員らを緊急避難させるべき注意義務がある。
　ただし、仮締切りの決壊の可能性がごく切迫したものであったことまで予見することは容易でなかったと認められることから一審の実刑という刑量は重過ぎて不当である。

【参考文献】
1) 東京高等裁判所判例、事件番号平成9（う）252 業務上過失致死被告事件
2) 最高裁判所判例、事件番号平成10（あ）677 業務上過失致死被告事件
3) 公共工事標準契約約款、平成22年7月26日改訂

| 事例-5 | 工期延長のつもりでいたら反故にされた |

　トンネル工事現場に赴任したA建設のB所長は、発注者のC工事事務所のD工務課長から「実は用地買収に手間取っており、仕様書上の着手時期より、着手できるのは3か月遅れる。通常なら工事一時中止命令を出すのだが、訳あってしたくない。坑内の路盤工事をいずれ追加で出すので、それを理由に工期を延ばすことにしたい。」と言われた。調べたところ、C工事事務所の管轄内で用地買収の遅れで工事一時中止となった工事が3件もあることが分かった。B所長は、新たな工事一時中止を上位部署に言いづらい状況も理解できるし、路盤工事が追加になり工期が延長されれば、工期の問題が解決するうえ、請負金額も増額になると考え、D工務課長に「わかりました。」と答えた。

　約2年が過ぎ、当初の竣工日まであと6か月となった。着工が遅れたため竣工は3か月遅れになる見込み。そんな折、E工務課長（D工務課長の後任）が「追加工事が認められず工期を伸ばせなくなった。何とか当初の竣工日に間に合わせるようにしてください。」と言ってきた。B所長は「今から3か月も縮めようがありません。路盤工事を追加して工期を延ばすというのは、D工務課長との約束だったのですよ。」と反論したところ、「異動してしまった人の話をしてもしかたがない。とにかく方策を考えてください。」「昼夜施工にするしかないと思います。夜間用の作業員も探さないといけないし、職員も増やさないと対応できません。追加で1千万円ぐらいかかりますが見てもらえるのですか。」「工事一時中止の指示が出ていないから、書類上はA建設の責任内で工事が遅れていることになる。追加費用は企業努力でやっていただきたい。」とのやり取りがあった。

　納得できないB所長は、翌日支店のF部長とともに今一度発注者のC工事事務所に出向いたがE工務課長に「工事中止もかかっていないし、新たな工事が増えたわけでもないので工期を延ばす理由が

ない。工事内容に何も変更がないのだから、請負人は、契約通りに完工してください。間に合わなかったらペナルティになりますよ。」と言われた。
　今、B所長は、契約書の条項に従って、建設業法による「建設工事紛争審査会」にあっせんまたは調停を依頼してこの問題の解決を図るよう、社内で発議すべきかどうか悩んでいる。

事例の理解のために

■用地買収

　公共事業を進めるための工事用地を発注者が取得すること。工事用地を確保したうえで工事を発注するのが基本だが、仕様書に引き渡し時期を明示して発注を行う場合もある。この場合工期の設定は仕様書に明示された引き渡し時期を前提として設定される。

> 公共工事標準請負契約約款（平成22年7月26日改正）
> 　（工事用地の確保等）
> 　第十六条　発注者は、工事用地その他設計図書において定められた工事の施工上必要な用地（以下「工事用地等」という。）を受注者が工事の施工上必要とする日（設計図書に特別の定めがあるときは、その定められた日）までに確保しなければならない。

■工事一時中止

　工事用地の確保ができていないなど、請負者に工事を施工する意志があっても施工できない場合、発注者は工事の一時中止を命じなければならないという義務規定がある。また、これにより受注者が費用の増加等の損害を受けた場合、発注者はこれを負担しなければならない。具体的には、工期や請負金の変更といった対応を取ることとなる。

> 公共工事標準請負契約約款（平成22年7月26日改正）
> 　（工事の中止）
> 　第二十条　工事用地等の確保ができない等のため又は暴風、豪雨、洪水、高潮、地震、地すべり、落盤、火災、騒乱、暴動その他の自然的又は人為的

な事象（以下「天災等」という。）であって受注者の責めに帰すことができないものにより工事目的物等に損害を生じ若しくは工事現場の状態が変動したため、受注者が工事を施工できないと認められるときは、発注者は、工事の中止内容を直ちに受注者に通知して、工事の全部又は一部の施工を一時中止させなければならない。
2　発注者は、前項の規定によるほか、必要があると認めるときは、工事の中止内容を受注者に通知して、工事の全部又は一部の施工を一時中止させることができる。
3　発注者は、前二項の規定により工事の施工を一時中止させた場合において、必要があると認められるときは工期若しくは請負代金額を変更し、又は受注者が工事の続行に備え工事現場を維持し若しくは労働者、建設機械器具等を保持するための費用その他の工事の施工の一時中止に伴う増加費用を必要とし若しくは受注者に損害を及ぼしたときは必要な費用を負担しなければならない。

■ペナルティ

　公共工事では、工事完成時点で、請負者の施工状況などを評価する工事成績評定を発注者が実施することが一般的であり、その中でも工期遵守は契約の基本事項であり評価値は大きい。施工会社自体の評価にも影響し、工事成績の悪かった工事は、以後の類似工事の際、入札時に求められる工事実績として評価されない場合がある。

■建設工事紛争審査会

　建設工事の請負契約をめぐる紛争の解決のため、建設工事に関する技術、行政、商習慣などの専門家により、発注者と受注者の間の紛争を迅速かつ簡便に解決することを目的として、建設業法に基づき設置されたものである。「あっせん又は調停」として、紛争を生じた場合にはこの審査会により紛争の解決を図ることが契約書に明示されている。

問題点

・発注者は、「用地買収の遅れ」という工事一時中止をかけるべき状況であったにもかかわらず、内部処理が困難であると判断し、裏付けが十分でない追加工事を理由にした工期延長を受注者に提案した。

年間予算の制約や達成すべき工期がある場合など、工期や発注金額の変更につながる工事一時中止命令を出しにくい状況が発注者組織内に存在したとしても、内部で処理すべき問題であり契約が優先しなくてはならない。路盤工事を追加発注できなくなってしまったため、発注者は工期の延長も請負金額の変更もできない状況に陥ってしまった。

・工事を請け負った建設会社のB所長は、発注者側担当者から「工事一時中止という本来の手続きを取らず、後日追加工事により工期を延長する」という話を受け、口頭での約束にもとづいて施工してきた。しかし、追加工事が発注されないことになったため、工期は延長できず、当初の工期、請負金で施工するように後任の担当者から言われた。工期に間に合わせるためには施工体制増強に伴う追加費用が必要で、現場の採算性が悪化してしまうが、そうは言っても工期に間に合わないと工事成績評定が悪くなり、自社の今後の工事受注に影響する可能性もある。自分の社内での評価も気になるところである。

考察

関連する倫理綱領および行動規範
【倫理綱領】
　土木技術者は、土木が有する社会および自然との深遠な関わりを認識し、品位と名誉を重んじ、技術の進歩ならびに知の進化および総合化に努め、国民および国家の安寧と繁栄、人類の福利とその持続的発展に、知徳をもって貢献する。
【行動規範】
4. (職務における責任)　自己の職務の社会的意義と役割を認識し、その責任を果たす。
5. (誠実義務および利益相反の回避)公衆、事業の依頼者、自己の属

する組織および自身に対して公正、不偏な態度を保ち、誠実に職務を遂行するとともに，利益相反の回避に努める。
9.（規範の遵守）法律、条例、規則等の拠って立つ理念を十分に理解して職務を行い、清廉を旨とし、率先して社会規範を遵守し、社会や技術等の変化に応じてその改善に努める。

　倫理綱領では、土木工事は「国民および国家の安寧と繁栄に貢献する」ことが求められている。これにより、「発注者」「受注者」という立場は国民・国家から付託された立場であると解釈される。公共工事の工事内容、発注者、受注者、工事期間等が公表されるのはこのためでもあろう。倫理綱領の意味するところを発注者、受注者が組織体としての総意で共有すれば、事例のようなことは有り得ないことになる。実際は、現場に携わる人間は「自らは社会から付託された立場である」という理念より「工事をつつがなく完工させればよい」「結果として黒字工事になればよい」などという現場対応を優先しがちである。組織全体の倫理観の向上なくしては、現場の意識向上は難しいと言わざるを得ない。
　行動規範4では、「倫理綱領」の思想を受け、「職務における責任」として、「社会的意義」「役割」の認識のもと「責任」を果たすことを求めている。工事を「私する」ことは倫理に悖る行為であるばかりでなく、契約違反となる場合があることを知らなければならない。
　行動規範5には、「公衆」、「事業の依頼者」、「自己の属する組織」および「自身」と規範の対象が複数示されている。公共工事などの土木工事に関わる人は、周辺住民、協力業者など非常に多く、大きな工事になればなるほどより多くの関係者の力を合わせて工事を進めていくことこそが土木技術者の醍醐味とも言える。一方、関係者の間で倫理上のジレンマが生じやすい状況ともいえ、ここでは、工事遂行にあたって最も根幹となる発注者、受注者の関係に関する事例が取り上げられているが、類似の事例は珍しくないのが実情である。

発注者と受注者の間に問題が発生した場合、現在でも「請け負け」として請負者の内部で問題を処理することが多いと思われる。しかし、これが品質、安全、環境といったことにも影響し、建設業の国際化を阻み、「土木」の健全な発展を阻害しているのである

発注者が契約書に基づく工事中止命令を出し渋る場合、発注者に粘り強く要求することになるが、口頭での申し入れに応じないときは契約書第二十一条「受注者の請求による工期の延長」に従って、理由を明示した書面（電子メール可）で請求するべきである。

行動規範 5 は「公正、不偏な態度を保ち、誠実に職務を遂行する」とある。発注者は、都合の悪い事を表に出さずに済むよう受注者にも受け入れられると思われる案を提示しているが、これは行動規範 5 に抵触する。また、受注者は相手を信用し「口約束でも履行されると思った」とも言えるが、指示を出しにくい発注者の事情にあわせて、正規の方法でなく自己のビジネス上のメリットを図ったとも言える。これも行動規範 5 とは相容れないものである。工事実施に際しては、リスクを重視するのか、仕事の進めやすさを重視するのかは、関係する人（性格、立場、権限等）や場所（国内か海外か）といった状況によって異なる。このため、その場その場でどのような行動が正しいか判断することは非常に困難ではあるが、倫理にも則らず、いわんや契約に違反するような行為は、厳に行ってはならない。

行動規範 9 にあるように「社会規範を遵守」すべきであると言うことはだれしも異論のない所であるが、実際の現場では事はそう簡単ではないことは前述のとおりである。また、「法律、条例、規則（この事例では公共工事標準請負契約約款等の工事請負契約）がカバーしていない場合もある」という声も聞く。しかし、中には倫理規定の趣旨を理解していない、あるいは契約約款の適用が適切でないために、問題が複雑化している場合もある。倫理規定・契約約款を正しく理解したうえで、実際の運用に知恵を働かせることが必要である。重要なのは、「倫理規定を踏まえたうえで、社会や技術等の変化を見据えて業務の

改善に努める」という意識ではないだろうか。
　実際に、「一時中止の指示を行っていない工事が一部にある」「工事中止時の増加費用を適切に見込んでほしい」といった受注者からの声を受けて、工事請負契約書の内容をわかりやすく解説したり、主な事例を取りまとめたガイドライン等を作成したり、規範を適用しやすい環境に整備する取組みが発注者側で進められている。一方、企業のコンプライアンスに対する姿勢に社会が厳しい目を向けるようになった現在、受注者側にも、あるべき受発注関係を目指して真摯に取り組む現場技術者を、組織としてバックアップすることが求められている。そのような両者の行動が、甲乙関係と称される関係から、社会資本をともに作り上げていく真のパートナー関係へと変革していくことになる。

考えられる具体的行為

　B所長は発注者の話に軽々と応じ記録も残していないなど、犯した過ちを考えると忸怩たるものもあろうが、それを差し引いてもB所長の行動としては建設紛争審査会に解決を求めることを社内で提案すべきである。
　A建設としての最終結論は経営判断等を経て決定されるものであろうし、現状で、受注会社として建設工事紛争審査会に解決を求める事例は必ずしも多くはないようであるが、少なくとも、こういった問題を看過せず、現場から上部組織に挙げるべきである。
　日本では、発注者も受注者も「阿吽の呼吸」で「穏便にことを済ませる」ことが最善の方法と考える傾向が未だにあり、現場でも上層部に挙げずにことを処理することが評価されることもあるようだが、こういった業界の風潮が、建設業の国際化を阻み、建設業の魅力（従事者のやる気）をそぎ、優秀な人材の確保を困難にしていることを認識すべきである。

「国民および国家の安寧と繁栄、人類の福利とその持続的発展に、知徳をもって貢献する」ために、日本の建設業も時代に呼応して持続的に変わっていかなければならない。

【参考文献】

1) 土木学会、技術は人なり－プロフェッショナルと技術者倫理－、pp. 193-200 および pp. 207-216、2005
2) 布施洋一：時代に即した取り組みへの期待－発注者における技術者倫理と対応、土木学会誌、Vol. 89、No. 12、pp. 122-124、2004
3) 建設業法研究会、改訂4版公共工事標準請負契約約款の解説、株式会社大成出版社

事例-6　東日本大震災で被災した老朽橋

　栃木県の東北東、鮎釣りで有名な那珂川の流れる那珂川町。2011年の東日本大震災では震度6弱を観測、町の中央を流れる那珂川にかかる新那珂橋は、即座に通行止めの措置が取られることとなった。

　新那珂橋は、1935年竣工の全長約300mの鉄筋コンクリート製ゲルバー橋で、地元の重要な生活道路として長く利用されていた。1994年には、約800m下流に、茨城県と宇都宮市等を結ぶ国道293号線として若鮎大橋が完成した。この時、老朽化が進行し河積阻害率が現行基準を満たしていない新那珂橋を取り壊すことも検討されたが、地元の強い要望から供用が続けられていたという経緯があった。

　しかしこの後、築70年を超え、老朽化もさらに進み、桁コンクリートには中性化やひび割れが見られるようになってきた。橋脚の耐震性も現行設計では十分ではないのだが、河積阻害率の制約により、これ以上橋脚を太くするといった補強対策も取れない。そこで、橋を管理する県は、2008年に、ひび割れへの樹脂注入、部材の一部追加といった限定的な補修工事（工事費約2.5億円）を行うこととした。あわせて、通行車両の重量制限、震度4以上の地震発生時には通行を止めて点検を実施するという条件で供用していたところに、東日本大震災の揺れが襲ったのである。

　地震発生後の緊急点検で、支承の破断のほか、桁・橋脚に数多くの損傷のある致命的状態とわかり、全面通行止めの措置が取られた。しかし、その後の余震で損傷が拡大する傾向も見られ、落橋も危惧される状況となった。橋の供用再開に向けて急ぎ進められた検討の結果、補修しても耐震安全性が確保できないこと、架替えには約20億円という費用がかかることがわかった。代替橋として若鮎大橋はあるものの、車で5分ほどかかるため、引続き新那珂橋の存続を望む地元の声が大きいことは容易に想像される。県の担当者としてこの状況にどのように臨めばよいだろうか。

事例の理解のために

■鉄筋コンクリート製ゲルバー橋
構造が単純で支間長拡大が容易なため、昭和初期に多数建設された。桁途中に有するヒンジ部の支承が、劣化したり維持管理が難しいとの問題もあり、プレストレストコンクリート橋が用いられるようになってからは採用が減っている。

■河積阻害、河積阻害率
橋脚があることにより、洪水の流れる断面（河積）が小さくなる。その結果、水位上昇や流木集積等で堤防決壊や桁の流出といった悪影響を与える可能性があるため、橋脚幅の合計が河積に占める割合（河積阻害率）は一定割合以下に制限されている。

■耐震性、耐震補強
橋梁等にも大きな被害が生じた1995年の兵庫県南部地震以降、各種設計基準が改訂され、それに基づき既存構造物の耐震性も再評価されている。耐震性不足の橋脚に対しては、耐震補強が行われ、柱周囲に鉄筋コンクリートや鋼板を巻立てる補強工法を採用することが多い。

問題点

- 耐久性、耐震性に課題のあった老朽橋梁が東日本大震災により大きく損傷。従来とられていた補修対策では抜本的解決は困難で安全性に懸念が残る一方、架替えにも多額の費用がかかる。下流に代替橋梁もあり、道路管理者の県としては橋梁の撤去が望ましいと思われる。
- 一方、これまで長く利用してきた地元住民としては、利便性の落ちる少し離れた橋を代わりに利用するのではなく、供用継続や架替えによって今の位置で対岸に渡れるようにして欲しいと考えている。

考察

関連する行動規範
6.（情報公開および社会との対話）職務遂行にあたって、専門的知見および公益に資する情報を積極的に公開し、社会との対話を尊重する。

　社会インフラは、計画、設計、施工を経て、維持管理のもとに供用され、補修・補強が必要に応じてなされながら、最終的に更新あるいは撤去という一生をたどる。耐用年数の長い社会インフラにとって、そのプロセスは数十年、場合によってはそれ以上と非常に長いため、もし「撤去」ということになれば、長く利用してきた地元住民や利用者の生活に与える影響は大きい。そのようなときこそ、行動規範に示される「社会との対話の尊重」が土木技術者に対して強く求められるときであろう。

　この事例においては、橋を管理する県は、通行車両の重量制限をしながら供用するなど、できる限り延命するという方針でこの歴史のある橋の供用を続けてきている。だが東日本大震災による被害の結果、橋を通行できるようにするには多額の費用をかけて橋を架け替えるしかなく、さもなければ落橋の恐れのある橋は撤去せざるをえないという二者択一の状況になった。このとき、県の担当者としてはどのようなことを考えなければならないであろうか。

　行政の立場として、架替えにかかる費用がその効果に見合うことを納税者である県民に説明できるか、冷静に判断する必要があるだろう。説得力のある判断を下すためには、被災前の通行量や今後の見込み、下流の橋を代替利用することによる利便性の違い、地元住民や利用者の意見などを考慮する必要がある。また、800m下流に橋を新設することとした理由も確認する必要があるだろう。地域にとってより望ましい道路ネットワークを形成するために、架橋地点を選定していた可能性も考えられる。

熟考の結果、撤去がのぞましいという結論となった場合に、地元住民ととるべき対話について考えてみよう。地元住民を代表する首長や議会に対してだけでなく、町内会・自治会など、住民との直接対話の場を持つことが不可欠であろう。そのときの説明内容としては、被災した橋の状況（耐震性、耐久性）に関する専門的知見や、撤去と判断した理由をわかりやすく説明するとともに、生活への影響、代替策の提示なども必要ではないだろうか。今回の事例でも、実際には、下流の橋を利用しやすくするために道路を新設するといった代替策が提示されている。

　注意すべきは、住民に対しての一方的な伝達ではなく、双方向にコミュニケーションをとる「対話」の姿勢が求められるということである。土木分野の専門家としての方針、意見は明確に伝えつつも、決してそれを押し付けるのではなく、住民側の意見を真摯にかつ丁寧に聞いて対策を考えていかなければならない。また、行動規範に「公益に資する情報を積極的に公開し」とあるように、県が望ましいと考える結論に導くために都合の悪い情報であっても、それが住民の判断に必要な情報であれば包み隠さず公開することも必要である。このような「対話」の実践の積み重ねが、国民の土木技術者に対する信頼につながっていくのである。

【参考文献】
1) 日経コンストラクション、地震被害で築 80 年を前に苦渋の決断、pp.52-55、2013.2.25 号
2) 土木学会関東支部栃木地区、栃木県内における被害報告、2011.7.11

事例-7　実験の再現性に問題あり。論文公表は・・・

　都内の私立大学工学部の大学院生であるA君は、B教授およびC准教授の指導を受けて研究を進めている。A君は昨年、学会の口頭発表をするにあたって2ページの短い概要を指導教員であるB教授およびC准教授との連名で作成、口頭発表を経験したが、論文を投稿した経験はない。今回は、以前行った口頭発表の内容をより充実、精緻なものにするため、追加の実験もして、学会の論文集に投稿する目標で頑張っている。C准教授は教育研究の経験が豊富で、間もなく教授に昇格されるだろうと噂されているが、今回の論文はC准教授の昇格審査において重要な論文とみなされる可能性が高い。

　ある日、A君は実験の結果を分析してその結果をC准教授に報告した。この成果は、これまでの通説を覆す画期的なものを含んでおり、C准教授は興奮を隠せなかった。しかし、冷静に戻ったC准教授は念のためこの分野の権威であるB教授に相談をした。B教授は、「確かにこれが事実とすれば画期的ですね。でも、先生も立ち合って再度、確認の実験をするのがよいでしょう。」と助言した。C准教授の立会いの下で、A君による再実験が繰り返し行われた。結果は従来確認されていた結果と、新規性のある画期的な結果がおよそ半々であり、A君にもその原因は分らなかったが、何らかの実験条件が影響したのだろうと考えている。C准教授からは、念のため必要なら実験で確かめたうえで、少々問題はあるが、再現性のある新規な成果が得られたとして、すぐに論文として投稿する準備をするよう指示された。その際、「新規性のある成果を疑わせるような結果は載せなくてよい」と言われた。A君は「本当にいいのかな？」と迷っている。さて、どうすればよいだろう。

事例の理解のために

　日本工学会の技術倫理協議会が 2008 年度にまとめて公表している「研究と研究発表・投稿に関する倫理の第 1 歩」を引用して、研究倫理に関する基本的事項を示す。

■研究倫理
　研究の自由は、科学や技術の研究者に社会から与えられた大きな権利である。大学等で行われる研究は、卒業研究あるいは学位のための研究を含めて、真理追究あるいは公益を目的として行われるものでなくてはならない。研究は、オリジナリティ（独創性）と正確さを追求し、結果に責任を伴う。また、先駆者のオリジナリティを尊重しなければならない。

　卒業論文や学術的な研究論文は、成果のオリジナリティと学術的・技術的価値が重要であり、新しさを主張すると同時に、研究の成果を社会共通の財産として還元することを目的としている。論文の記述は、その目的に合う内容を明確かつ簡潔に表している必要がある。

■研究のオリジナリティ
　学術研究論文では、先発表優先の原則があり、著者のオリジナルな内容であることが要求される。先人の研究へ敬意を払うと同時に、自分のオリジナリティを確認し、主張する必要がある。そのためには新しい成果の記述だけでなく、その課題の歴史・経緯、先行研究でどこまで分かっていたのか、自分の寄与する部分は何であるかを明確に記述することが重要である。

　他人の研究成果の盗用は最も忌むべき行為であり、犯罪である。盗用が発覚すると研究者としての社会的信頼を失い、研究者生命が絶たれてしまう。

■研究の信頼性
　研究論文や報告書は、他の人が公正に理解でき評価できるように客観的な記述でなければならない。

内容の正確さの責任は著者にある。研究者は学術研究論文を書く自由を持っているが、論文に書かれた内容には著者自身が責任を持たなければならない。科学技術の研究成果は再現性が基本要件であり、万一、真実と信じて公表した内容に過ちを発見したら、速やかにその修正を公表する必要がある。

■研究倫理におけるFFP

技術者・科学者に対する信頼は真実を正直に告げることにより成り立っており、研究倫理では、ねつ造（Fabrication）、改ざん（Falsification）および盗用（Plagiarism、剽窃）をFFPと呼んで、決して行ってはならないこととされている。ねつ造とは、存在しないデータを都合よく作成することである。でっち上げ（Forging）もほぼ同じ意味で用いられる。改ざんはデータの変造や偽造のことである。データが正確に見えるようにその不規則性を平準化するトリミング（trimming）や、理論に合う結果だけを残して、それ以外は捨てるクッキング（cooking）も改ざんの一種である。

問題点

- A君は、画期的な実験結果を得たと思い、その結果をC准教授に報告した。C准教授はB教授といういわゆる同じ道の先輩の意見を聞き、そして、確認実験をするべきという指導に従う道を選択した。この選択は正しいであろう。しかし、依然C准教授は成果の公表を急いでいるようだ。C准教授の指示に従ってよいのだろうか。もし従わないと、研究室での指導が厳しくなったり、就職支援を得られないというような、不当な扱いを受けることもあるかも・・・。
- B教授は、研究を進めるうえでの重大な岐路にあたって、重要な助言を行った。ただし、最終的な判断は現場の准教授に任せている。このような指導方法は教授として適切だろうか。多忙であっても、教育研究が本務であり、もっと現場によりそった指導をするべきなの

だろうか。
・C 准教授は、当初は実験を A 君に任せ、立ち会うことはしていなかったが、画期的な研究成果を得ているのかどうかを確認するため、立ち会い実験を実施した。その姿勢は正しいであろう。一方で、彼は昇格するために成果の公表を急ぐべきだろうか。それとも、どんなに時間がかかろうが、不確定な要因をなくすまで実験をするべきだろうか。実験の結果、もしかしたらいつまでも昇格できないかもしれないが・・・。

考察

関連する行動規範
7. （成果の公表）事実に基づく客観性および他者の知的成果を尊重し、信念と良心にしたがって、論文および報告等による新たな知見の公表および政策提言を行い、専門家および公衆との共有に努める。
8. （自己研鑽および人材育成）自己の徳目、教養および専門的能力の向上をはかり、技術の進歩に努めるとともに学理および実理の研究に励み、自己の人格、知識および経験を活用して人材を育成する。

　行動規範 7 に「事実に基づく客観性」とあるように、正確さと信頼性が要求される。研究は単独よりグループで実施されることが多く、また、学生、教員、研究者など多様な関係者が関わり、それぞれが異なる役割を担う。それぞれの関係者が有する知識・技術のレベルや内容、役割の相違を乗り越えて、研究という共同プロジェクトを遂行することになるため、常にそのことを踏まえてプロジェクトを進めて行かなければならない。特に、工学系の研究で実験を行う場合には、実験条件がどのように設定され、それがどのように実現されているかという点は、結果に大きな影響を及ぼす。一部の、それも学生などの若手のものだけにすべてを任せきりにしておくことは大きなリスクを招くことになる。

「新たな知見の公表」を急ぐあまり、自分の主張に照らして不適当なデータを隠して都合の良いデータのみを公表することはデータ改ざんに相当し、まさに「信念と良心に」したがった行動とは言えない。

B教授は、多忙な中でも、重要な指摘をして、望ましくない方向にプロジェクトが進むのを避けることに貢献している。

C准教授は、成果の公表を急ぐあまり、A君に対して暗にプレッシャーをかけている。教員団の判断や行動は、A君の今後の将来に大きな影響を与えるものと考えられる。行動規範8に「自己の人格、知識および経験を活用して人材を育成」とあるように、教員は研究を通じて学生を成長させる役割を担っており、研究論文の公表を急ぐあまり、結果として、学生に研究上の不正の一端を担わせるようなことは絶対にあってはならない。

考えられる具体的行為

- 実験結果が論理的に説明できるようになるまで実験を繰り返す。その成果は数年後に得られるかもしれないが、得られないかもしれない。
- 現段階で得られた成果を、説明のつかない結果もすべて含めて早急に論文として公表する。一部に説明のつかないデータがあるため、査読に当たって指摘を受ける可能性、あるいは不採択となる可能性がある。
- 説明のつかない結果を含めても意味がないので、説明のつくデータのみを含めて論文として公表する。なお、一部に説明のつかないデータがあったことは論文中に記載する。
- 説明のつくデータのみを含めて論文として公表する。一部に説明のつかないデータがあったことは論文中に記載しない。ただし、今後の課題として、種々の条件がこの現象に影響している可能性があることを述べる。

【参考文献】

1) 日本工学会技術倫理協議会、研究と研究発表 投稿に関する倫理の第一歩、2008.3
2) 日本技術士会、科学技術者の倫理 その考え方と事例、丸善、1998.9
3) 東京大学大学院工学研究科、科学研究における倫理ガイドライン、2010.7
4) 杉本泰治、高城重厚：技術者の倫理入門、丸善、2002.4

事例-8　誇り高い技術者になるために

　地方の国立大学工学部土木系学科を卒業したAさんは、地元の建設系企業に就職してから間もなく5年目を迎える。

　大学を受験するときは、まだ何をしたいのかわからなかったが、街づくりに興味があったので、高校の先生の勧めや両親の希望もあった地元の国立大学工学部土木系学科に進学した。

　大学入学後は、いろいろな経験をしたいと思って、大学でのサークル活動、コンビニや居酒屋でのアルバイトなどもした。構造力学や水理学などの数式が出てくる科目は得意ではなかった。実験や実習などは面白かったが、レポートを書くのは苦手で、友達のレポートを参考に見せてもらったこともあった。授業は単位を取りやすい科目を選んで卒業要件を満たすように履修して、留年することなしに卒業した。

　大学在学中にやりたいことが見つかることを期待していたが、卒業間際になっても、やりたいことは見つからなかった。卒業後は、進学せずに就職することにした。もともと興味のあった街づくりに関連する仕事ができればよいと思い、公務員になることも考えたが、早く決めたかったので、民間の建設系企業に絞って就職活動をして、現在勤務する会社に採用された。

　勤務先での仕事は忙しく上司から指示された仕事をするのが精一杯である。最近では、やりがいや充実感が感じられるようになってきたので、将来も可能な限り技術者として社会に貢献したいと思うようになってきた。上司はAさんの仕事を高く評価しており、将来にわたって技術者として働き続けてほしいと考えている。

　Aさんは、昨年、大学時代の同級生と結婚し、そろそろ子供が欲しいと思っている。しかし、社内に女性技術職員の先輩が少なく出産後の働き方を相談できそうな人が見つからず、このまま働きつづけていいものか迷い始めている。

勤務先には、産休や育休、介護などに対する支援制度が整っており、一般の女性職員は自然なこととしてこれらの制度を利用している。しかし、技術職員が長期の育休等を取得すると技術の進歩についていけなくなるのではないか、子供が病気になったりすると職場の人たちに迷惑をかけるのではないか、などの不安な思いが、将来について迷うきっかけとなった。

先日、久しぶりに同期に入社したBさんと会う機会があった。Bさんは大学院卒で、入社した時から将来の夢を熱く語っていた。学生時代に「2級技術者資格（土木学会）」を、昨年には「1級土木施工管理技士」資格を取得しており、今は経験年数が受験資格を満たし次第「1級土木技術者資格」や「技術士」などを受験するつもりで研鑽しているとのことだった。Aさんはまだそれらの資格を持っておらず、技術力の違いを感じずにはいられなかった。

最近では、Aさんの後輩社員も増え、女性技術職員も徐々に増えてきている。いずれ、Aさんも部下を持つことになるが、部下に対して適切な技術指導ができるだろうか、また、女性技術職員に適切なアドバイスができるようになれるだろうかと不安を感じている。

事例の理解のために

■「教育」「学び」の変化

インターネットを始めとする科学技術の発展により、人に求められる能力が変化してきている。「人間力」、「社会人基礎力」、「21世紀型スキル」など表現は異なるが、知識を知っているだけでなく、コンピュータなどの道具を適切に使って知識から新たな価値を創造する能力、コミュニケーション能力なども求められるようになっている。それによって、教育方法、学び方も変化しつつある。

■土木に関する技術資格

土木学会2級技術者や技術士など、土木に関する技術資格は数多く

ある。以下に一部の資格名称を列挙する。

技術士、土木学会認定技術者、土木施工管理技士、測量士、コンクリート技士、プレストレストコンクリート技士、コンクリート診断士、コンクリート構造診断士、土木鋼構造診断士、公害防止管理者、環境計量士、土壌環境監理士、RCCM（シビルコンサルティングマネージャー）、ダム工事総括管理技術者、建設機械施工技士。

中には、学生のうちに受験できるものもあるので、興味のある資格について調べて受験してみよう。

■内発的動機と自律性

内発的動機とは人が学習や仕事などの活動そのものに感じる面白さ、やりがいであり、自律性とは人が自由に自発的に何らかの活動を行うことである。自律性は内発的動機を高めること、さらに内発的動機による活動は高いパフォーマンスを示すことが明らかになっている。

■戦略的人的資源管理

人を企業の経営資源とし、人が持っている最大限の能力を発揮させ、それを積極的に経営戦略に活用しようとするものである。そこでの人材育成は、全社的な経営戦略の一環として、すべてのビジネスパーソンが日常的に取り組むべき企業活動であり、経営目標に直接的な貢献をすることが求められる。

問題点

- 大学生のときのAさんは、単位を取りやすい科目を選んで卒業要件を満たすように履修した。留年せず卒業することはできたが、入学当初に期待していた「やりたいことを見つけること」はできなかった。また、就職先は、採用決定の時期が早いことを条件に決定した。Aさんは、どんな大学生活を送ればよかったのだろうか。
- 入社後5年後のAさんは、同期入社のBさんとの技術力の違いを感じている。Aさんは学卒、Bさんは院卒であるが、学歴以外に違いは

なかったのだろうか。
・Aさんは、将来、部下に対して適切な指導ができるようになるだろうかと不安を感じている。上司から指示された仕事をし、経験を積めば、誰でも人材を育成することはできるのだろうか。

考察

関連する行動規範
4. （職務における責任）自己の職務の社会的意義と役割を認識し、その責任を果たす。
7. （成果の公表）事実に基づく客観性および他者の知的成果を尊重し、信念と良心にしたがって、論文および報告等による新たな知見の公表および政策提言を行い、専門家および公衆との共有に努める。
8. （自己研鑽と人材育成）自己の徳目、教養および専門的能力の向上をはかり、技術の進歩につとめるとともに学理および実理の研究に励み、自己の人格、知識および経験を活用して人材を育成する。
9. （規範の遵守）法律、条例、規則によって立つ理念を十分に理解して職務を行い、清廉を旨とし、率先して社会規範を遵守し、社会技術等の変化に応じてその改善に努める。

行動規範 4 は、土木技術者あるいは学生として社会において行うべき行動があることを自らが認識し、その務めを果たすことである。学生ならば学生としての社会的意義と役割があり、学ぶことは学生の権利であるとともに役割でもある。

大学で学ぶ目的は単に単位を取るだけではなく、大学卒業後の仕事で必要な専門知識や技能を身につけること、さらには豊かな人間生活を送っていくための幅広く深い教養を身につけることである。「やりたいこと」はなんとなく日々を過ごしていて見つかるものではない。自分がどんなことに関心があるのか、面白いと思うのか、それが自分にとってなぜ面白いのかを自分に問いかけよう。そして、興味のある仕

事が見つかった時には、インターンシップに参加するなど、積極的に行動することがよいだろう。

　行動規範7の「事実に基づく客観性および他者の知的成果を尊重」すること、行動規範9の「法律、条例、規則によって立つ理念を十分に理解して職務を行」うことは、学生のレポート作成にも当てはまる。授業で作成するレポートでも著作権はある。友達のレポートを写してレポートを作成・提出することは著作権を侵害することであり、剽窃（ひょうせつ）という犯罪をおかすことである。レポートを見せた相手も不正行為に加担したことになる。剽窃は、研究者が他人の論文について行えば、社会の信頼を失い研究者としての将来も失う行為である。たとえ稚拙であっても自ら考え理論を展開しなければ、自ら学習の機会を失っていることにもなる。

　行動規範8の「自己研鑽と人材育成」はすべての技術者が生涯にわたって行っていくものである。そのためには技術に対する社会の期待と評価を認識し、常に自らの技術レベルを向上させる努力が必要である。その評価を客観的に判断する手段として、Bさんのように技術資格の取得を目指すのも有効である。技術資格を取得することで社会的評価が高まり、一層の技術力向上の原動力ともなる。また、社内外の技術発表の機会に自分の業務について取りまとめ発表することも行動規範7にある成果の公表の観点からも、自らの技術活動の確認という観点からも有効である。

　Aさんは長期の育休等の取得により技術的空白期間が生じることを不安に感じている。産休は育児のために設けられたもので本来の目的を優先すべきものであるが、自分の技術を総括し新たな学習を行う絶好の機会でもあると捉え、その期間を有効に利用する心構えが望まれる。また、出産後の仕事については、社内の上司や同僚、関連の担当者と十分なコミュニケーションを取り、技術者としての職務を遂行できるように働き方を見直すことも大切である。これらの経験を通して身につけた広範な技術力やマネジメント力は、いずれ部下を持つとき

にも必ず役に立つはずである。

【参考文献】
1) 佐藤望、湯川武、横山千晶、近藤明彦：アカデミック・スキルズ、大学生のための知的技法入門、慶応義塾大学出版会、2011
2) 荒木貴之：日本発21世紀型教育モデル－つなぐ力が教育を変える－、教育出版、2010
3) ジョナサン・バーグマン、アーロン・サムズ：反転授業－基本を宿題で学んでから、授業で応用力を身につける、オデッセイコミュニケーションズ、2014
4) エドワード.L.デシ、リチャード・フラスト：人を伸ばす力　内発と自律のすすめ、新曜社、2010
5) 中原淳、荒木淳子、北村士朗、長岡健、橋本諭：企業内人材育成入門　人を育てる心理・教育学の基本理論を学ぶ、ダイヤモンド社、2014
6) 「雇用の分野における男女の均等的機械及び待遇の確保等に関する法律」（昭和47年7月1日法律第113号）（最終改訂平成26年6月13日法律67号）

土木技術者の倫理を考える －3.11と土木の原点への回帰－

事例-9　規範の遵守に関する問題

　2006年から2007年にかけて県内大手建設会社の倒産が相次ぐ中、2006年頃からA市内に本社を置く3社が世話役となり、数十社からなる談合体制が確立した。

　世話役のうちのB社社主は建設業協会の会長でもあった。

　B社社主は、発注者である2事務所の歴代の幹部職員7人から、予定価格や総合評価落札方式の評価点などの入札関連情報を入手した。

　世話役の3社はその情報をもとに受注予定者となるものを指定し、入手した未公表の入札関連情報を利用して受注予定者入札価格を指導した。

　談合に参加した各企業は、受注予定者が受注できるように協力した。

事例の理解のために

■予定価格

　予定価格とは、発注者たる国や地方公共団体が工事契約を締結する際に、契約事項の価格について、その契約金額を決定する基準として、あらかじめ作成するものである。

　予算決算および会計令
　（予定価格の作成）
　　第七十九条　契約担当官等は、その競争入札に付する事項の価格（第九十一条第一項の競争にあって交換しようとするそれぞれの財産の価格の差額とし、同条第二項の競争にあっては財務大臣の定めるものとする。以下次条第一項において同じ。）を当該事項に関する仕様書、設計書等によって予定し、その予定価格を記載し、又は記録した書面をその内容が認知できない方法により、開札の際これを開札場所に置かなければならない。

■総合評価落札方式

　総合評価落札方式は、価格と価格以外の要素（例えば、業務実績、施

工体制、実施体制、施工時の安全性や環境への影響など)を総合的に評価し、落札者を決定する落札方式である。

- 公共工事の調達においては、国においては会計法、地方自治体においては地方自治法で規定されており、競争入札方式が採用され、予定価格の制限の範囲で入札した者のうち、最低の価格で入札した者を、契約の相手方とするとされている。
- また、会計法においては、予定価格を秘匿して入札を行うこととされている。
- 入札談合に対しては、独占禁止法に基づく課徴金、罰金、懲役のほか、公共工事においては、発注者による指名停止、損害賠償、建設業法に基づく監督処分が実施される。
- 一方で、談合排除により、価格競争の激化による安値受注が進み、建設業の経営の悪化や社会資本の質の低下も指摘されている所であり、入札の不調や、地方建設業者の疲弊による、いわゆる地方の建設の担い手不足など、会計法をはじめとする発注制度の問題も指摘されている。

考えてみよう

- 入札者の立場として、経営状況が悪く、談合に参加しなければ業界内で疎外され、倒産の危機を迎えるかもしれない。そのような中で、あなたならどういう行動をとるか？
- 入札者の立場として、直属の上司から談合に参加するよう指示を受けた。あなたならどういう行動をとるか？
- 発注者の立場として、上司である幹部職員から情報が漏洩することを察知した。この幹部職員から入札情報の問い合わせを受けた場合、あなたならどういう行動をとるか？
- 過去談合が横行していた時代は、受注調整や極度な低価格入札なども無く、安定した経営、価格にとらわれない品質の確保ができたが、

談合排除によってどのような課題が出てきただろうか、また、談合根絶はもちろんのこととして、その解決策は？

問題点

- 入札談合はそもそも犯罪行為であり、競争性をもって落札者を決めることが当然のことである。
- 入札情報を伝えた2事務所の歴代の幹部職員は法制上の犯罪行為であると共に、秘匿すべき業務の情報を開示した守秘義務違反でもある。

考察

関連する行動規範
5. （誠実義務および利益相反の回避）公衆、事業の依頼者、自己の属する組織および自身に対して公正、不偏な態度を保ち、誠実に職務を遂行するとともに、利益相反の回避に努める。
9. （規範の遵守）法律、条例、規則等の拠って立つ理念を十分に理解して職務を行い、清廉を旨とし、率先して社会規範を遵守し、社会や技術等の変化に応じてその改善に努める。

　行動規範5には、「公衆、事業の依頼者、自己の属する組織および自身に対して公正、不偏な態度を保ち、誠実に職務を遂行する」と示されており、法的秩序はもちろん、公平・公正を旨とすべきである。特に、公共工事など土木工事に関わる発注者・受注者は、国民に代わって国の財産形成を執行する立場であり、本来競争によって低価格で発注できるかもしれない機会の喪失や、土木界の信用の失墜を回避しなければならない。

　行動規範9には、「法律、条例、規則等の拠って立つ理念を十分に理解して職務を行い、清廉を旨とし、率先して社会規範を遵守し」と示

されており、法律、条例、規則等は土木技術者のみならず国民が遵守するのは当然である。先にも述べたように、公共工事に携わるわれわれ土木技術者は特に清廉であらねばならない。

【参考文献】

1) 日経コンストラクション、高知官製談合 事件の背景に見えてきた地域建設業の病巣、pp.54-pp.61、2013.5.13号
2) 森本 恵美、荒井 弘毅：脱談合宣言の影響 2006年に何が起こったのか、土木学会論文集F4、建設マネジメント Vol.70(2014)、No.2

資料編

資料編

1. 土木技術者の倫理規定（英文版）

The Civil Engineer's Code of Ethics

Ethical Principles

Ever cognizant of the profound interrelationship of their profession with both human society and Nature, civil engineers shall work for the development of technology, deepen and consolidate their knowledge, contribute by means of their wisdom, skills, and virtues to both the peace and prosperity of the people and the nation and to the welfare and sustainable development of the humanity.

The Code of Professional Conduct

Civil engineers shall:

1. Contribute to society.

Utilize their expertise and experience to develop and implement comprehensive solutions to issues of public interest, keeping in mind the peace and prosperity of the people and the development of society as their constant concern.

2. Respect both Nature and the fabric of civilization and culture.

Respect Nature indispensable to the survival and development of humanity while holding in esteem diverse civilizations and cultures.

3. Ensure the security of society and mitigate disasters.

   Be committed to aiding in protecting the life and property of the people, working with colleagues across a broad range of disciplines, while looking beyond their professional expertise to the concerns of the people, realizing both the capabilities and the limitations of technology with the people.

4. Fulfill their professional responsibilities.

   Recognize the essentially social significance of their work and thus endeavor to fulfill their duty to society.

5. Guard their integrity and avoid any conflicts of interest

   Be fair and unbiased in all their interactions with the people, their clients, the organizations for which they work, as well as themselves, faithfully and honestly discharging their duties and avoiding any conflicts of interest.

6. Openly provide information and engage in public dialog.

   For the sake of the general welfare, be pro-active in sharing their expertise and knowledge in their endeavors and communicate in an open exchange of views with the people.

7. Make known the results of their research endeavors.

   Publish their findings and policy recommendations with research papers and reports in conformity with both their scientific convictions and their own consciences, sharing these with both their professional colleagues and the people, always mindful of objective facts and the intellectual achievements of others.

8. Strive for self-improvement and human-resource development.

   Cultivate and nurture their virtues, general knowledge and professional competence, pursue scientific endeavors in the realms of both scientific and practical theories for the sake of technological advances, and put to use their individual abilities, experience, and merits for the education and training of engineers.

9. Comply with established norms.

   Carry out their work in full understanding of all laws, rules, and regulations as well as of well-founded principles, actively and willingly taking the lead in the observance of societal standards and seeking to improve them in response to both social and technological change.

(Revised on May 9, 2014, by the Board of Directors, the Japan Society of Civil Engineers)

土木技術者の倫理を考える　－3.11と土木の原点への回帰－

2. 土木技術者の倫理規定（平成11(1999)年5月7日制定）

土木技術者の倫理規定

平成11年5月7日　制　定

前　文

1　1938年（昭和13年）3月、土木学会は「土木技術者の信条および実践要綱」を発表した。この信条および要綱は1933年（昭和8年）2月に提案され、土木学会相互規約調査委員会（委員長：青山士、元土木学会会長）によって成文化された。1933年、わが国は国際連盟の脱退を宣言し、蘆溝橋事件を契機に日中戦争、太平洋戦争へ向っていた。このような時代のさなかに、「土木技術者の信条および実践要綱」を策定した見識は土木学会の誇りである。

2　土木学会は土木事業を担う技術者、土木工学に関わる研究者等によって構成され、1)学会としての会員相互の交流、2)学術・技術進歩への貢献、3)社会に対する直接的な貢献、を目指して活動している。

　土木学会がこのたび、「土木技術者の信条および実践要綱」を改定し、新しく倫理規定を制定したのは、現在および将来の土木技術者が担うべき使命と責任の重大さを認識した発露に他ならない。

基本認識

1　土木技術は、有史以来今日に至るまで、人々の安全を守り、生活を豊かにする社会資本を建設し、維持・管理するために貢献してきた。とくに技術の大いなる発展に支えられた現代文明は、人類の生活を飛躍的に向上させた。しかし、技術力の拡大と多様化とともに、それが自然および社会に与える影響もまた複雑化し、増大するに至った。土木技術者はその事実を深く認識し、技術の行使にあたって常に自己を律する姿勢を堅持しなければならない。

2 現代の世代は未来の世代の生存条件を保証する責務があり、自然と人間を共生させる環境の創造と保存は、土木技術者にとって光栄ある使命である。

倫 理 規 定

土木技術者は、

1 「美しい国土」、「安全にして安心できる生活」、「豊かな社会」をつくり、改善し、維持するためにその技術を活用し、品位と名誉を重んじ、知徳をもって社会に貢献する。

2 自然を尊重し、現在および将来の人々の安全と福祉、健康に対する責任を最優先し、人類の持続的発展を目指して、自然および地球環境の保全と活用を図る。

3 固有の文化に根ざした伝統技術を尊重し、先端技術の開発研究に努め、国際交流を進展させ、相互の文化を深く理解し、人類の福利高揚と安全を図る。

4 自己の属する組織にとらわれることなく、専門的知識、技術、経験を踏まえ、総合的見地から土木事業を遂行する。

5 専門的知識と経験の蓄積に基づき、自己の信念と良心にしたがって報告などの発表、意見の開陳を行う。

6 長期性、大規模性、不可逆性を有する土木事業を遂行するため、地球の持続的発展や人々の安全、福祉、健康に関する情報は公開する。

7 公衆、土木事業の依頼者および自身に対して公平、不偏な態度を保ち、誠実に業務を行う。

8 技術的業務に関して雇用者、もしくは依頼者の誠実な代理人、あるいは受託者として行動する。

9 人種、宗教、性、年齢に拘わらず、あらゆる人々を公平に扱う。

10 法律、条例、規則、契約等に従って業務を行い、不当な対価を直接または間接に、与え、求め、または受け取らない。

11 土木施設・構造物の機能、形態、および構造特性を理解し、その計画、設計、建設、維持、あるいは廃棄にあたって、先端技術のみならず伝統技術の活用を図り、生態系の維持および美の構成、
ならびに歴史的遺産の保存に留意する。

12 自己の専門的能力の向上を図り、学理・工法の研究に励み、進んでその結果を学会等に公表し、技術の発展に貢献する。

13 自己の人格、知識、および経験を活用して人材の育成に努め、それらの人々の専門的能力を向上させるための支援を行う。

14 自己の業務についてその意義と役割を積極的に説明し、それへの批判に誠実に対応する。さらに必要に応じて、自己および他者の業務を適切に評価し、積極的に見解を表明する。

15 本会の定める倫理規定に従って行動し、土木技術者の社会的評価の向上に不断の努力を重ねる。とくに土木学会会員は、率先してこの規定を遵守する。

3. 土木技術者の信条および実践要綱
（昭和13(1938)年2月8日制定）

土木技術者の信條

一、土木技術者は國運の進展並に人類の福祉増進に貢獻すべし。
二、土木技術者は技術の進歩向上に努め汎く其の眞價を發揮すべし。
三、土木技術者は常に眞摯なる態度を持し德義と名譽とを重んずべし。

土木技術者の實踐要綱

一、土木技術者は自己の專門的知識及經驗を以て國家的並に公共的諸問題に對し積極的に社會に奉仕すべし。
二、土木技術者は學理、工法の研究に勵み進んで其の結果を公表し以て技術界に貢獻すべし。
三、土木技術者は苟も國家の發展國民の福利に背戻するが如き事業は之を企圖すべからず。
四、土木技術者は其の關係する事業の性質上特に公正を持し清廉を尚び苟も社會の疑惑を招くが如き行爲あるべからず。
五、土木技術者は工事の設計及施工につき經費節約或は其の他の事情に捉はれ爲に從業者並に公衆に危險を及ぼすが如きことなきを要す。
六、土木技術者は個人的利害の爲に其の信念を曲げ或は技術者全般の名譽を失墜するが如き行爲あるべからず。
七、土木技術者は自己の權威と正當なる價値を毀損せざる樣注意すべし。
八、土木技術者は自己の人格と知識經驗とにより確信ある技術の指導に努むべし。
九、土木技術者は其の關係する事業に萬一違法に屬するものあるときは其の匡正に努むべし。
十、土木技術者は其の内容疑しき事業に關係し又は自己の名義を使用せしむる等の事なきを要す。
十一、土木技術者は施工に忠實にして事業者の期待に背かざらんことを要す。

備考
本信條及實踐要綱を以て相互規約に代ゆるものとす。

土木学會

4. 倫理規定制定の経緯

　土木学会では、1938年の「土木技術者の信条および実践要綱」制定以降、1999年の「土木技術者の倫理規定」制定、2014年の改定が行われている。本節では、これら3代の倫理規定の制定の経緯を述べる。

4.1 「土木技術者の信条および実践要綱」制定の経緯

　土木学会に残されている制定の経緯に関する資料によれば、「土木技術者の信条および実践要綱」の制定は、土木学会の昭和8年1月27日開催の臨時役員会において、「土木学会振興に関する委員会」を設置して、根本的改革方針をたてることが決定されたことに始まる。この役員会において、

1) 現在常議員があまりに仕事をしなさすぎること、
2) したがって、主事の仕事は過大となり片手間に主事を命ぜられる有能な会員が気の毒である。
3) 土木学会は貧弱な会誌を発行する以外に地方の大多数の会員には何ら益するところなく、
4) この打開策としては常議員の専務分担の方法、常任執行機関の設置、主事の人選方法の変更、

　その他各種の案が出された。そして、「土木学会振興に関する委員会」（仮）の設置が決定した。この委員会はその後、「振興委員会」と呼称されるようになったようであるが、その検討項目に「エンジニアリング・エシックス制定」の件が含まれた。

　その後、「振興委員会協議事項要項」が同年3月20日に提唱され、そのなかで、この件は「土木学会会員相互規約制定の件（エンジニアリング・エシックス制定の件）」として、「会員相互の遵守すべき規約を設け、之により会員各自の徳義の向上に努ること」という趣旨が記述された。さらに、米国土木学会、採鉱冶金学会、機械学会、電気学会、暖房換気協会が制定した「技術者の信条」が紹介された。

昭和10年2月青山士が会長に就任し、「技術者に残されたる技術者対社会に就いての疑問の解決に向かって努力致したく」との就任あいさつをした。そして、昭和10年3月に改めて振興委員会が設置され、ここでも会員相互規約の検討が振興案に入った。そして、同会長は昭和11年2月14日の通常総会において「社会の進歩発展と文化技術(The Civil Engineering in Developing Social Civilization)」の題目で会長講演を行い、以下のように土木技術の重要性を強調している。
　「・・・文化技術の一部門なる土木技術は人類社会の自然に対する戦術であって自然力に抗する鎧を供するのみならず、文化技術の他の部門と共に社会国家の文化経済の発展充実の基礎を作る・・・」
　「社会はその進歩発展に対する土木技術の重要性を正当に而して明確に認識しなければならない。・・・我々は我々の出来るだけの努力によって社会の認識を指導し是正して我々の社会国家をして衰運にむかわしむる事なきはもちろん、歩一歩これを改善向上せしむる義務がある事を確信するものであります。」
　すなわち、「他の部門と共に」という文言で、総合的な視点で他分野と連携するべき土木の特徴が強調され、また、「社会の認識を指導し是正して」として、土木が社会にとって如何に重要な技術であるかを市民が認識するよう技術者は努力するべきと説いている。
　昭和11年5月、青山士は会長を退いたのちに設置された「土木技術者相互規約調査委員会」の委員長に就任することとなった。委員構成を次頁に示す。そして、同年7月の委員会において、申し合せとして以下の方針が定められた。

・目的は土木技術者の品位を高め技術者の矜持と権威を保ち一方青年技術者の指導方針とする。
・規約の範囲は主として技術者の行為、または職業上の行為に関するものとする。
・米国の先例を参考に、国情に則した案を作成する。

委員長	青山 士		
委員	井上隆根	山口 昇	鈴木雅次
	金子源一郎	穂善義光	内海清温
	中野 深	川口愛太郎	竹股一郎
	後藤宇太郎	蔵重長男	斎藤 鼎

敬称略

時代背景と共に、土木技術者の置かれた明治以来の社会的評価の低さ、および急務であった土木学会の活性化が、「技術者集団」としての要件を整える柱として、倫理規定を必要としたと考えられる。

昭和11年10月に示された「土木技術者の信条」の最初の案を、昭和13年2月8日の理事会で決定されたものと対比して示す。

「土木技術家の信条」（昭和11年10月案）

1) 土木技術家は土木事業の公共性に立脚し公正潔白なる態度を持し常に日本国民精神に基き国家に貢献すべし。
2) 土木技術家は常に技術の進歩向上に務め其の真価を広く社会に認識せしむべし。
3) 土木技術家は技術家本来の立場を自覚し公平なる態度を持し相互に徳義を重んずべし。

「土木技術者の信条」（昭和13年2月8日制定）

1) 土木技術者は国運の進展並に人類の福祉増進に貢献すべし。
2) 土木技術者は技術の進歩向上に努め汎く（あまねく）その真価を発揮すべし。
3) 土木技術者は常に真摯なる態度を持し徳義と名誉を重んずべし。

- 「土木技術家」から「土木技術者」に変更された。
- 第1条で「日本国民精神に基き国家に貢献」から「国運の進展並に人類の福祉増進に貢献」に変更された。
- 第2条で「真価を広く社会に認識せしむべし」との文言が消えた。
- 第1条における「公共性に立脚し公正潔白なる態度を持し」の文言が削除された。
- 第3条における「公平」の文字が削除された。

　「土木技術家」という文言が用いられた時代があったことをうかがわせ、また、社会との共通認識の醸成が重要であることがすでに述べられていた。さらに、この時代にすでに「公共性」、「公正潔白」、「公平」の文言がとり入れられようとしたことは特筆に値する。これらが最終的に削除されたのは時代の影響かもしれないが、まことに惜しいと考える。

　また、関連して、「土木公徳5則」が昭和11年10月には提示されている。その一部は信条に活かされているが、これもまた将来の技術者に残す価値のあるものではないだろうか。

土木公徳5則（昭和11年10月案）

1. 土木技術家は土木事業の公共性に立脚し業務に当たりては常に功利を捨て公正潔白なる態度を持すべし。（徳育、公共性・清潔）
2. 土木技術家は技術家本来の立場を自覚し他人の事業計画その他に対する批判に当たりては常に公平なる態度を持すべし。（智育、相互間の態度）
3. 土木技術家は常に技術一般の進歩向上の促進に専念すると同時に技術並びに事務的相互扶助に努むべし。（技術、技術向上・相互扶助）
4. 土木技術家は業務上広く社会に折衝すること多きに鑑み洽く（あまねく）社会情勢の諸般に括目すべし。（常識、常識涵養）
5. 土木技術家は現業はもとより時に応急的激務に対処すること多きに留意し事業の完璧能率増進のため常に心身を鍛錬すべし。（体育、心身鍛錬）

「土木技術者の実践要綱」の原案というべきものは、昭和12年12月の委員会資料に提示されている。作製の原則は、「土木技術者の信条」を基本として、技術家一般関係8条、企業者関係2条、請負業者関係2条および顧問関係2条の区別及び条文数で案が提示されたが、その後、次に示すように11条が残り、3条が削除された。

「土木技術家の実践要綱」（昭和12年12月案）

技術家一般
1) 土木技術家は自己の専門的知識及び経験を以て公共的諸問題に対し積極的に社会に奉仕すべし。
2) 土木技術家は学理、工法の研究に励み進んでその結果を公表し以て技術界に貢献すべし。
3) 土木技術家はその関係する事業の性質上特に公正を持し清廉を尊び苟も社会の疑惑を招くが如き行為あるべからず。
4) 土木技術家は工事の設計及び施工につき軽費節減のみに捕われ為に従業者並びに公衆に危険を及ぼすが如きなきを要す
5) 土木技術家は個人的利害のためにその信念を曲げあるいは技術家全般の名誉を失墜するが如き行為あるべからず。
6) 土木技術家は自己の権威と正当なる価値を棄損せざるよう注意すべし。
7) 土木技術家はその関係する企業に万一違法に属するものあるを認めたる時は極力その匡正に努むべし。
8) 土木技術家はその内容疑わしき事業に関係し又は自己の名義を使用せしむる等のことはこれを避くべし。

企業者関係
1) 土木技術家は苟も国家の発展国民の福利に背戻するがごとき事業はこれを企図すべからず。

請負業者関係
1) 土木技術家は施工に忠実にして企業者の期待に背かざらんことを要す。

顧問関係
1) 土木技術家は自己の人格と知識経験とにより確信ある技術の指導に努むべし。

> 削除された条文
> ➢ 土木技術家は工事施行上災厄その他の損失に関しては合理的補償の手段を講ずべし。（企業者関係）
> ➢ 技術家は工事の実施に当たりもし設計上の不適不備を発見せるときは直ちにこれが改良または是正の手段をとるべし。（請負業者関係）
> ➢ 土木技術家は企業者、施工者のいずれに対しても厳正（に）事に当たるべし。（顧問関係）

「合理的補償の手段を講ず」では、受注者の責に帰さない場合には公正に保証するべき発注者責任を述べている。また、「設計上の不適不備を発見せるとき・・・」として、発注者の実施した設計であろうと問題があれば請負業者にて改良してよいと述べている。さらに、「いずれに対しても厳正に」として、不正が行われないよう諫めている。このように、削除された条文は、受発注者の関係について公正な内容となっており、昭和初期の段階である事を考えれば、先進的に過ぎたのかもしれない。

このような過程を経て、最終的に、「土木技術者の実践要綱」は「土木技術者の信条」とともに、昭和13年2月8日の理事会で決定され、同年3月に学会誌に掲載された。なお、本文の後に「備考」が記されており、「本信条および実践要綱を以て相互規約に代ゆるものとす。」との1文が書かれている。1990年代後半に各学協会により倫理規定が制定されたが、その際、土木学会において制定されたこの倫理規定の存在が高く評価された。

4.2 1999年版倫理規定制定の経緯

　平成9年9月5日、土木学会の宮崎明会長（当時）は、行政改革会議会長であった橋本龍太郎首相（当時）に「行政改革会議への要望書」を提出し、その中で、「土木学会は、国民の負託に応えるために技術と技術者のあるべき姿を明らかにしていきます」と述べ、「本学会としては、土木技術が果たすべき社会的役割と土木技術者のあるべき姿について早急に取りまとめることにしました」と表明した。

　これを受けて学会では、企画調整委員会内に土木技術者倫理・将来像小委員会を設置して、「平成新時代の土木技術者」をまとめ、その中で、「土木技術者の信条および実践要綱」は格調高く、至高の規範であることが確認されたが、一方で、人間社会や自然環境との接点が一層強く求められる21世紀社会における時代の要請を踏まえた新たな会員相互規約の成分化を図る必要性が指摘された。土木学会誌の平成5年11月号「土木学会創立80周年記念特集号」では、「土木技術者の信条および実践要綱」を現代文に改めて再録しているが、学会として正式に定めた倫理綱領とはなっていない。そこで、平成10年6月の理事会において、高橋裕前副会長（当時）を委員長とする「土木学会倫理規定制定委員会」が設立された。次頁に委員会構成を示す。

土木技術者の倫理を考える　－3.11と土木の原点への回帰－

役職	氏名	所属・職名（当時）
委員長	高橋　裕	前副会長、東京大学名誉教授
委員	池田駿介	東京工業大学教授
	落合英俊	九州大学教授
	佐藤馨一	北海道大学教授
	柴山智也	横浜国立大学教授
	松本　勝	京都大学教授
	三浦裕二	日本大学教授

敬称略

　平成10年7月21日開催の第1回委員会においては、「新しい時代の倫理規定が持つべき要件」として以下の5項目が挙げられている。

1) 個人の土木技術者の行動や判断を支援するものであること。
2) 環境、地球的価値、高度な技術力を踏まえたものであること。
3) 違反に対するペナルティを明確に打ち出すべきであること。
4) 第三者から見て、納得できるものであること。
5) 具体的にしかも心に刻まれるものであること。

　土木学会に残されている制定の経緯に関する資料によれば、企画調整委員会案として「土木技術者の倫理規定と行動規範」が平成10年9月頃に提示されている。これは、「土木技術者の信条および実践要綱」を現代文に改めて、さらに「環境の創造と保全」および「地球規模の貢献」の内容を新たに取り入れたものである。
　その後、歴代会長や応用倫理に関する専門家へのヒアリング、米国土木学会の倫理規定の研究などを踏まえて、同年11月に「土木技術者の倫理規定と行動規範」（原案1）として「前文」＋「土木技術者の倫理規定」3条＋「土木技術者の行動規範」13条が提示された。

「前文(案)」においては、第一に国際連盟脱退、盧溝橋事件そして、太平洋戦争に向かう時期であった昭和13年に「土木技術者の信条および実践要綱」を制定した土木学会の見識を誇りとしてそれを継承して「倫理規程」を制定することを述べ、第二には土木技術の内容が有史以来社会資本の建設技術開発、環境改善、産業基盤整備、生活基盤整備へと変化してきたこと、将来にわたってさらに変化するであろうことを述べている。そして第三に、土木学会会員が率先垂範して規範を遵守し、非会員である多くの土木技術者の模範となるべきこと、さらには国際交流に努め、人類の福利高揚と安全を図るべきことを述べている。

「土木技術者の倫理規定(案)」は3条からなり、土木技術者の使命、技術の伝承と進歩向上の責務、品位と名誉を重んじるべきことが記されており、1938年時の「土木技術者の信条」に相当する。「土木技術者の行動規範」13条のうち、8条を技術者一般に共通の条文とし、5条を土木技術者に固有の条文として扱われている。

> 「土木技術者の倫理規定」（平成10年11月案）の概要
>
> （技術者一般に関すること）
> 1) 公共的諸課題の解決に努力する。
> 2) 学理・工法の研究に励み、結果を学会等に公表する。
> 3) 客観的方法で情報開示や意見発表を行う。
> 4) 人格と知識経験により責任をもって人材育成を行う。
> 5) 自己の権威と正当な価値を棄損しない。
> 6) すべての人を公平に扱う。
> 7) 地球の持続的発展と人類の福利・安全に反する事業を企図しない。
> 8) 自己の利益のために信念を曲げたり、技術者全般の信用を失墜する行為をしない。
>
> （土木技術者に関すること）
> 1) 誠実・公正・清廉を尊び、社会から批判を招く行為をしない。
> 2) 職務上の立場を利用して相互の信頼を損なう不当行為をしない。
> 3) 設計や施工において経費節約などの事情にとらわれて、従業者並びに公衆に危険を及ぼさない。
> 4) その関係する事業に違法であるものを認めたときは是正し、再発防止をしなければならない。
> 5) 内容が疑わしい事業に関係したり、自己の名義を使用させない。

　そして、これが最終案の原型となり、Ungerなどの倫理綱領の持つべき基本概念を参考にしつつ、理事会における説明とそれに対する指摘聴取なども踏まえて幾多の修正がさらに繰り返され、最終的に、1999年5月7日開催の理事会に「前文」＋「基本認識」2条＋「倫理規定」15条からなる最終案が提出され承認された。

　「前文」では、土木学会が技術者と研究者等によって構成され、学会としての会員相互の交流、学術・技術進歩への貢献、社会に対する直接的な貢献、を目指して活動していることを述べるとともに、「現在および将来の土木技術者が担うべき使命と責任の重大さを認識した発

露に他ならない。」と記載されている。また、「土木技術者の信条および実践要綱」を評価し、その精神を継承するものであることを明確に述べている。

「基本認識」では、土木技術は、有史以来今日に至るまで、人々の安全を守り、生活を豊かにする社会資本を建設し、維持・管理するために貢献してきたが、技術力の拡大と多様化とともに、それが自然および社会に与える影響もまた複雑化し、増大するに至ったため、技術の行使にあたって常に自己を律する姿勢を堅持しなければならないと述べている。さらに、「現代の世代は未来の世代の生存条件を保証する責務があり、自然と人間を共生させる環境の創造と保存は、土木技術者にとって光栄ある使命である」としている。

「倫理規定」本文では、以下の点が考慮された。

1) グローバルスタンダードに立脚する規定であること。
2) 「土木技術者の信条および実践要綱」の制定時は技術の進歩に対する信頼や期待があった。しかし、それに対する批判や疑いが持たれており、それに十分配慮すること。
3) 昭和前期において技術者は国家に貢献するものと位置づけられたが、これを「地球全体」への貢献と進めなければならないこと。
4) 伝統技術の活用、生態系の維持と美の構成、歴史遺産の保存に留意するべきこと。

このようにして、最終的には15条からなる「倫理規定」が、重要な条文の順に並べる形で完成したのである。

4.3　2014年版倫理規定制定の経緯

　1999年版「倫理規定」の改定の是非に関する検討の開始は2010年に遡る。当初の2年間は倫理・社会規範委員会の企画運営小委員会（廣谷彰彦小委員長、2011年6月より皆川勝小委員長）での議論であった。当時の委員長は阪田憲次元会長並びに山本卓朗元会長であった。それ以前から、教育啓発活動を行ってきた教育小委員会（藤井聡小委員長）などから、より倫理観を醸成しやすい倫理規定への改定が必要である、条文数が多く教育に利用しにくいなどの意見があった。しかし、「倫理規定」の改定には社会の大きな変化などの否定しがたい理由が必要であるという認識で、100周年にあわせた土木の原点回帰の議論、公益法人化などの観点から検討されていた。この間、古木守靖専務理事(当時)は、独自に「土木技術者の信条および実践要綱」と1999年版「土木技術者の倫理規定」の類似点と相違点をまとめられ、その後の議論の中でこれが有効に活用された。（次頁参照）

　そのような中、2011年3月11日に東日本大震災が発生した。委員会では、不幸にして多くの犠牲者を出した大震災を踏まえて、巨大災害に対して土木技術者に求められる使命と倫理観という観点からも、「倫理規定」の内容の再検討は進めるべきとなった。

　そこで、他の学協会の規程等の調査研究、「倫理規定」および、「信条および実践要綱」の制定の理念や経緯などの分析を深めることとなった。そして、2012年1月、理事会において「倫理規定」の改定の是非に関するフリートーキングが山本会長（当時）の下で初めて行われ、想定外の概念を倫理の観点からどのようにとらえるのかなど、重要な議論がなされた。それを受けて倫理規定検討部会（部会長：依田照彦早稲田大学教授）が設置され、小野武彦会長時代の1年間、改定の是非の結論を得る活動が行われた。部会では、全国大会での研究討論会を実施して会員より広く意見を聴取するとともに、それまでの議論を以下のように整理した。

新旧倫理規定の対比分析(試案)

現倫理規定

基本認識	1. 土木技術は、有史以来今日に至るまで、人々の安全を守り、生活を豊かにする社会資本を建設し、維持・管理するために貢献してきた。とくに技術の大いなる発展に支えられた現代社会文明は、人類の生活向上に向けて多様化と拡大をおおいに可能にさせた。しかし、自然力が自然および社会に与える影響もまた複雑化し、増大するにいたった。技術力の拡大と多様化とともに、それが自然および社会に与える影響もまた複雑化し、増大するにいたった。土木技術者はその事実を深く認識し、技術の行使にあたって常に自己を律する姿勢を堅持しなければならない。 2. 現代の世代は未来の世代の生存条件を保証する義務があり、自然と人間を共生させる環境の創造と保全は、土木技術者にとって光栄ある使命である。			

現倫理規定(性格別並べ替え) / 1938年制定「信条と実践要綱」(対比)

性格	条	条文	条	条文	現倫理規定に関するコメント
共通理念	1	「美しい国土」、「安全にして安心できる生活」、「豊かな社会」をつくり、改善し、維持するためにその技術を活用し、品位と名誉を重んじ、知徳をもって社会に貢献する。	信条2	土木技術者は技術の進歩向上に努め広くその真価を発揮すべし。	基本認識に対応と考えられる。 1~3条は信条に相当すると考えられる。
	2	自然を尊重し、現在および将来の人々の安全と福祉、健康に対する責任を最優先し、人類の持続的発展を目指して、自然および地球環境の保全を図る。	信条3	土木技術者は常に真摯なる態度を持し徳義を重んずべし。	基本認識に対応と考えられる。 新に加えられた理念
	3	固有の文化に根ざした伝統技術を尊重し、先端技術の開発研究に努め、国際交流を進展させ、相互の文化を深く理解し、人類の福利高揚と安全を図る。	信条1	土木技術者は国運の進展並びに人類の福利増進に貢献すべし。	基本認識に対応と考えられる。 1~3条は信条に相当すると考えられる。
土木事業のあり方	4	自己の属する組織にとらわれることなく、専門的知識、技術、経験を踏まえ、総合的見地から土木事業を遂行する。	実践要綱1	土木技術者は自己の専門的知識及び経験をもって国家の並びに公共的諸問題に対(応)し積極的に社会に奉仕すべし。	実践要綱と同趣旨
	6	長期性、大規模性、不可逆性を有する土木事業の安全を速行するため、地球の持続的発展や人々の安全、福祉、健康に関する情報は積極的にこれを開示する。	実践要綱3	土木技術者は前国民の発展国民の福利に背反するがごとき事業はこれを企画すべからず。	情報開示に属する概念は新に導入。
	11	土木施設・構造物の機能、形態、設計、建設、維持、あるいは廃棄にあたって、先端技術のみならず伝統技術の活用方法を理解し、その計画、景観特性を図り、生態系の維持および美の構成、ならびに歴史的遺産の保存に留意する。			具体的に社会基盤整備のあり方のイメージを示した。

土木技術者の倫理を考える －3.11と土木の原点への回帰－

				新に加えられた概念
業務の進め方	7	公衆、土木事業の依頼者および自身に対して公平、不偏な態度を保ち、誠実に業務を行う。		
	8	技術的業務に関して雇用者、もしくは依頼者の誠実な代理人、あるいは受託者として行動する。	実践要綱 11	実践要綱と同趣旨
	9	人種、宗教、性、年齢に拘わらず、あらゆる人々を公平に扱う。	実践要綱 5	公平性の概念の拡大ともいえる。
	10	法律、条例、規則、契約等に従って業務を行い、不当な対価を直接または間接に、与え、求め、または受け取らない。	実践要綱 4	
			実践要綱 9	実践要綱と同趣旨
			実践要綱 10	
技術者の責務の進め	5	専門的知識と経験の蓄積に基づき、自己の信念と良心にしたがって報告や発表、意見の開陳を行う。		12条と同趣旨
	12	自己の専門的能力の向上を図り、学理・工法の研究に励み、進んでその結果を学会等に公表し、技術の発展に貢献する。	実践要綱 2	実践要綱と同趣旨
	13	自己の人格、知識、および経験を活用して人材の育成に努め、それらの人々の専門的能力の向上をさせるための支援を行う。	実践要綱 8	実践要綱と同趣旨
	14	自己の業務についての意義と役割を積極的に説明し、それへの批判に対して誠実に対応する。さらに必要に応じて、自己および他者の業務を適切に評価し、積極的に見解を表明する。		情報開示の概念の展開、或は社会とのコミュニケーションの概念の導入と考えられる。
	15	本会の定める倫理規定に従って行動し、土木技術者の社会的評価の向上に不断の努力を重ねる。とくに土木学会会員は、率先してこの規定を遵守する。	実践要綱 6	実践要綱と同趣旨
			実践要綱 7	土木技術者は自己の権威と正当なる価値を毀損せる様注意すべし。

[対象] 現行の「倫理規定」では技術者と研究者を並列で規定した上で、技術者の倫理について言及しているが、技術者には大学教員や研究者も含まれると考えるべきであり、更に、技術者ばかりでなく土木のプロジェクトに係わる者を総括した表現とすべきではないか。

[信条と行動規範] 現行の規定は15条からなるが、そのうちの1条から3条は、品位と名誉を重んじること、人類の福利と安全に貢献すること、技術を尊重・進歩向上してその責務を果たすこと、などが記載されており、「土木技術者の信条」に相当する、土木技術者のアイデンティティを明確に述べたもので、それ以降のより具体的な条文とは階層が異なるのではないか。

[思考力] 日常の仕事ではマニュアル化が進みそれに沿って業務を進めていく弊害が顕在化しており、教育現場でも「なぜか」を考えずに「どのように」を求めたがる学生の傾向は顕著である。規定を簡素化することによって、各自が考える領域を作っていく必要があるのではないか。自ら真理を探求するようなものとするべきではないか。

[時代との整合] 現行規定の作成時は、種々の建設に関する不祥事が起きた時期であり、不祥事撲滅の観点に影響された嫌いがあるものの、内容については大きな問題はないのではないか。しかし、東日本大震災を契機として、安全な社会の構築に対する土木のプロジェクトに係わる者の役割についても再構築が必要となっていること、施設の構築・維持ばかりでなく、ソフトも含めた社会基盤システムとして捉える必要があることなど、社会の仕組みおよび価値観等が変わってきており、それに整合させることが必要ではないか。また、倫理性をより高めるように表現を調整することも必要ではないか。

同部会では、歴代会長、当時の主査担当理事、委員会関係者、「倫理規定」制定時の検討メンバー、技術者倫理の専門家などにヒアリングやアンケートを実施した。その結果、「土木技術者の信条および実践要綱」の理念を継承し、土木技術者のあるべき姿を格調高く示す「倫理

綱領」と、守るべき行動を項立てした「行動規範」という構成とすることについて、ほぼ全員の賛同を得、また、合わせて多様な具体的意見を聴取することができた。部会活動の結果として得られた［倫理規定改定の必要性］、［倫理規定の構成］、［倫理規定の内容］および［倫理規定の表現］に関する主な意見を以下に示す。

［倫理規定改定の必要性］「倫理規定」は、学会として技術と技術者の有るべき姿を自ら明らかにすることを提示したものであり、その使命を果たしている。しかし、一方で、土木技術者の継続的な社会貢献の意義を謳う面で弱い表現となっているという意見がある。また、東日本大震災は多くの土木技術者の価値観を問い直す機会となっている。これを機に、土木技術者の考えを明確に表明することが必要であるとの意見がある。さらに、国際化の進展や土木学会の公益法人化など、現行規定制定時とは状況は大きく変わっている。

［倫理規定の構成］現行規定の最初の3条は「土木技術者の信条」に相当する、土木技術者のアイデンティティを明確に述べたもので、それ以降のより具体的な行動規範とは階層が異なる。その意味で、信条に相当する「倫理綱領」と守るべき行動に相当する「行動規範」に分ける構成は、多くの関係者の賛同を得ており、反対意見は把握されていない。また、「行動の手引き」の作成については、マニュアル化の危惧やそもそも個別の組織が策定するべきであるとする慎重意見がある一方、多様なレベルの技術者の倫理観を高めるためには、倫理規定から切り離すなどの工夫をしたうえで作成するべきとする意見もある。また、「前文」「基本認識」や、それを継承した「解説」の必要性について議論がある。

［倫理規定の内容］東日本大震災を経て、「社会安全」の議論に代表されるように、災害から市民を守る土木技術者の社会的使命を倫理規定においてより明確に規定することが必要であるとの意見がある。一方、これまでの「倫理規定」の内容に関して、大きな問題は指摘されてい

ない。さらに、倫理観を醸成し、災害から市民を守る土木技術者の使命をより明確に示す内容を取りいれるなどの意見がある。また、研究倫理や教育倫理の重要性は高まっており、土木事業に携わる者の多様性に十分配慮した倫理規定の内容であるかの検討が必要であるとの意見がある。

[倫理規定の表現] 倫理規定が制定され10年余を経過しており、その間、さまざまな形で「倫理規定」は利用されている。教育現場では、フラットな構成は利用しにくいという指摘があり、表現の平易化・簡素化・項目数の削減、あるいはグループ化など、表現に関する意見は少なくない。また、高いレベルの倫理観を醸成する表現とすることで、倫理観をより高めることができるという指摘もある。

　これらの検討経過を踏まえて、2013年5月10日の理事会において、小野武彦会長（当時）は、「倫理規定検討特別委員会」の設置を提案して承認され、また、委員長には、この「倫理規定」改定の検討が開始された当時の会長でもあった阪田憲次元会長が指名された。ここに、3年をかけて委員会にて検討された「倫理規定」の検討が、特別委員会に引き継がれることとなった。委員一覧を以下に示す。

役職	氏名	職責、所属・役職（いずれも当時）
委員長	阪田　憲次	元会長、岡山大学名誉教授
委員	池田　駿介	元倫理教育小委員会委員長、東京工業大学名誉教授
委員	大西　博文	専務理事
委員	高橋　信之	建築学会倫理委員会前委員長、早稲田大学教授
委員	野辺　博	野辺法律事務所所長、慶應義塾大学法科大学院教授
委員	藤井　聡	教育小委員会委員長、京都大学大学院教授
委員	札野　順	金沢工業大学教授
委員	村田　和夫	理事，建設技術研究所
委員	横山　広美	東京大学大学院准教授
委員	依田　照彦	倫理規定検討部会長、早稲田大学教授
委員	保田　祐司	技術推進機構、鹿島建設
委員	羽鳥剛史	愛媛大学大学院准教授
幹事長	皆川　勝	企画運営小委員会委員長、東京都市大学教授
幹事	本多　伸弘	教育小委員会幹事長、清水建設
幹事	柴田　尚規	企画運営小委員会副幹事長、長大
幹事	坂　克人	企画運営小委員会幹事、国土交通省
幹事	丸山　信	企画運営小委員会幹事長、福田道路
事務局	石郷岡　猛	事務局

敬称略

　阪田委員長のリーダーシップのもとで、平成25年6月開催の第1回委員会において、以下の方針が決定された。
・本特別委員会のミッションは、現在の時代を取り巻く環境やその将来を見据えて、倫理規定の改訂を行うことである。改めて改訂の是

非についての議論はしない。
・改訂は、2014年の学会創立100周年に間に合うように進める。

　ほぼ毎月開催された幹事会あるいは委員会において、応用倫理の専門家、法律家、科学コミュニケーションの専門家を含む委員により、広範にわたる意見交換を行い、改定案の検討が進められた。こうして、11月8日には素案が確定し、学会の会長、副会長、主査理事、前会長、前副会長、関連委員会委員長、業界団体代表、歴代会長、倫理関係委員会関係者にヒアリングを実施し、一部の意見が取り入れられ案が修正された。一例として、橋本鋼太郎会長（当時）から提示された意見を以下に示すが，結果的にこれらはいずれも最終案に盛り込まれている。

・1条の（社会への貢献）について、公衆の安寧のみでなく、倫理綱領にもある「繁栄」あるいは「発展」に関する文言を追加する。
・7条の（成果の公表）について、「知見の公表」に加えて、「政策提言」や「助言」をすることに関する文言を追加する。
・8条の（自己研鑽および人材育成）について、倫理綱領にもある「技術の進歩」に関する文言を追加する。

　1999年版の倫理規定制定特別委員会の委員長であった高橋裕元副会長からは、以下のような建設的なご意見をいただいた。

・学会内外で内容がもっと知られ、その下で実践することが大事である。
・副読本をつくって会員に限らず広め、教育をしっかりやってほしい。
・具体的、定期的に倫理規定が守られているかチェックがあると良い。
・倫理規定を制定して終わりでなく、徹底して守るべく努力するようフォローすることが大事である。
・倫理規定は英訳して各国の土木系学会にも配布し、本学会の考えを

伝えて意見を求め、考えを聞くと良い。
・事例が起こったら公正な立場で判断することが重要。反省すると同時にこれからの方向性、対策などを発信するべきである。

　規定の英文化、100周年記念式典における各国代表者への提示が実施され、さらに本著は広く市民も含めて関係者に新しい倫理規定の理念と内容、改定にかかわった者の思いを伝えるために編纂したものである。今後は、さらに進めて、新しい倫理規定のもとで倫理・社会規範委員会の活動を活発化し、土木技術者の倫理的な行いの支援、彼らが関わる倫理的な問題の解決、政策提言などの社会への発信を積極的に行ってゆくことが重要であると考えている。

5. 倫理規定検討時に寄せられた意見

　2013年5月10日、倫理・社会規範委員会の小野武彦委員長（当時）より「倫理規定検討特別委員会」設置が提案され、2013年6月より同特別委員会で新しい倫理規定作成の作業を開始した。改定を土木学会100周年に間に合わせるため、半年間で集中的に検討を重ね、同年12月には改定素案が完成し、土木学会の運営に深く関わっている方々にご意見を伺い、理事会での議論および会員各位の意見を徴収して倫理綱領と9条の行動規範からなる最終案を作成した。以下に倫理規定改訂に寄せられた主な意見を示す。

＜倫理規定（全般）＞
○高邁（コウマイ）で質の高い、それでいて平易な文面で素晴らしい改定案だと思う。
○わかりやすくなった。
○土木技術者並びに第三者が容易に理解できる文章であることが大切かと思うが、主旨説明を付さないと土木技術者にも理解不能な部分が沢山ある。一般に理解可能な表現としてもらいたい。
○3．（社会安全と減災）が独立したのは大変良い。土木技術者全体が社会への義務として認識し、対応すべき事項である。
○1．（社会への貢献）と3．（社会安全と減災）は内容的に重複する部分があり、統合することができる。

＜その他（全般）＞
○土木学会100周年で検討している「将来ビジョン」や「100周年宣言」の内容と軸線を合わせる必要がある。
○倫理規定を学会員に知らしめる方策を考えてもらいたい。
○倫理規定の精神を技術者にどのように植えつけるかが大事である。
○学会内外で倫理規定を知ってもらう努力が不足している。

○土木以外の方と一緒にシンポジウムを開催するなど、工学全体で考えることが大切である。
○副読本を作って、会員に限らず大学等でも広めたい。
○具体的、定期的に倫理規定が守られているかチェックする必要がある。
○制定して終わりでなく、徹底して守るべく努力するようにフォローすることが大切である。
○英訳して各国の土木系学会に配布して、考えを伝えるとともに、意見を聞く必要がある。

＜倫理綱領＞

> 土木技術者は、
> 土木が有する社会および自然との深遠な関わりを認識し、
> 品位と名誉を重んじ、
> 技術の進歩ならびに知の深化および総合化に努め、
> 国民および国家の安寧と繁栄、
> 人類の福利とその持続的発展に、
> 知徳をもって貢献する。

○箇条書きにした方が良い。
○福祉の時代は新しい公共など市民レベルの活動が重要となることから、「国民および国家の安寧と繁栄」ではなく「市民社会の安寧と繁栄」が良いのではないか。
○現在では「公衆」や「安寧」は使用頻度が少なく、「国民」、「地域住民」や「安全」を使っている。「安寧」は古い用語を連想しないか。
○将来の人々に対する責任等についても十分に考慮したうえでなすべきものであることを記載するため、前倫理規定にある「現在および将来の人々」の文言を盛り込んだ方が良い。

＜行動規範（全般）＞
○「倫理綱領」との対応が分かる並べ方が良い。
○条項の順序を考えたほうが良い。
○全体として大変わかりやすく使いやすいが、さらに行動規範を、1）自然・社会との関わりおよび科学・技術開発、2）職務の遂行－組織の中でのあり方、3）個人としてのあり方、の3分類で表示してもらいたい。
○「科学技術への信頼回復」、「国際貢献」といったキーワードを明記すべきではないか。
○3．（社会安全と減災）が追加されたことはよい。

＜行動規範（項目毎）＞

> 土木技術者は、
> 1．（社会への貢献）
> 　公衆の安寧および社会の発展を常に念頭におき、専門的知識および経験を活用して、総合的見地から公共的諸課題を解決し、社会に貢献する。

○我々技術者は専門知識と経験だけでなく、技術によってたっているものであるため、「専門知識および経験を踏まえ」を「専門知識、技術および経験を踏まえ」とした方が良い。
○福祉の時代は新しい公共など市民レベルの活動が重要となることから、「公衆の安寧を」ではなく「市民の安寧を」が良いのではないか。
○「公衆の安寧」のみでなく、「繁栄」あるいは「発展」に関する文言を追加する。

> 2．（自然および文明・文化の尊重）
> 　人類の生存と発展に不可欠な自然ならびに多様な文明および文化を尊重する。

○自然と地球環境とは異なるので、「自然ならびに」を「自然、地球環境ならびに」とする

> 3．（社会安全と減災）
> 　専門家のみならず公衆としての視点をもち、技術で実現できる範囲とその限界を社会と共有し、専門を超えた幅広い分野連携のもとに、公衆の生命および財産を守るために尽力する。

○特になし。

> 4．（職務における責任）
> 　自己の職務の社会的意義と役割を認識し、その責任を果たす。

○特になし。

> 5．（誠実義務および利益相反の回避）
> 　公衆、事業の依頼者、自己の属する組織および自身に対して公正、不偏な態度を保ち、誠実に職務を遂行するとともに、利益相反の回避に努める。

○特になし。

> 6．（情報公開および社会との対話）
>   職務遂行にあたって、専門的知見および公益に資する情報を積極的に公開し、社会との対話を尊重する。

○特になし。

> 7．（成果の公表）
>   事実に基づく客観性および他者の知的成果を尊重し、信念と良心にしたがって、論文および報告等による新たな知見の公表および政策提言を行い、専門家および公衆との共有に努める。

○特になし。

> 8．（自己研鑽および人材育成）
>   自己の徳目、教養および専門的能力の向上をはかり、技術の進歩に努めるとともに学理および実理の研究に励み、自己の人格、知識および経験を活用して人材を育成する。

○今以上に先端技術の開発・活用を図る必要があると思われるため、「先端技術の開発研究に努め」のキーワードを盛り込んだ方が良い。
○「徳目」は古い用語を連想する、新しい用語では「品性」と表現すべきか。

> 9．（規範の遵守）
>   法律、条例、規則等の拠って立つ理念を十分に理解して職務を行い、清廉を旨とし、率先して社会規範を遵守し、社会や技術等の変化に応じてその改善に努める。

○特になし。

土木技術者の倫理を考える －3.11と土木の原点への回帰－

ご意見を伺った方々（役職は2013年12月当時）

氏　名	備　考
橋本　鋼太郎	（公社）土木学会　会長（倫理・社会規範委員会委員長）
足立　敏之	（公社）土木学会　副会長
川谷　充郎	（公社）土木学会　副会長　総務部門主査理事
宮池　克人	（公社）土木学会　副会長　総務部門担当理事
田村　亨	（公社）土木学会　理事　会員支部部門主査理事
西垣　誠	（公社）土木学会　理事　教育企画部門主査理事
藤本　貴也	（一社）建設コンサルタンツ協会　副会長（倫理・社会規範委員会　委員）
小野　武彦	（公社）土木学会　前会長（倫理・社会規範委員会　前委員長）
山本　卓朗	（公社）土木学会会長経験者（倫理・社会規範委員会　元委員長）
近藤　徹	（公社）土木学会会長経験者（倫理・社会規範委員会　元委員長）
古木　守靖	（公社）土木学会　前専務理事（倫理・社会規範委員会　元委員）
髙橋　裕	（公社）土木学会　1998年版倫理規定制定特別委員会　委員長

敬称略

6. 他の学協会の倫理規定との比較

当学会の倫理規定改定に際して、以下に示す他の学協会で規定されている倫理規定に類するものについて、参考として整理を行った。

- 一般社団法人　電気学会
- 公益社団法人　日本化学会
- 一般社団法人　日本原子力学会
- 一般社団法人　日本機械学会
- 一般社団法人　日本建築学会

各学協会の倫理規定の構成は以下のようである。

学協会	倫理規定の構成
（公社）土木学会	倫理綱領＋行動規範
（一社）電気学会	倫理綱領＋行動規範
（公社）日本化学会	会員行動規範＋行動の指針
（一社）日本原子力学会	前文＋憲章＋行動の手引き
（一社）日本機械学会	倫理規定
（一社）日本建築学会	倫理綱領＋行動規範

また、各倫理規定について以下に示すカテゴリーに分類し、整理を行った。

- 共通理念
- 業務のあり方
- 業務の進め方
- 技術者の務め
- 教育

以下に各学協会の記載内容の比較を示す。

土木技術者の倫理を考える －3.11と土木の原点への回帰－

		(公社)土木学会		(一社)電気学会
共通理念	綱領	土木技術者は、土木が有する社会および自然との深遠な関わりを認識し、品位と名誉を重んじ、技術の進歩ならびに知の深化および総合化に努め、国民および国家の安寧と繁栄、人類の福祉とその持続的発展に、知徳をもって貢献する。	前文	電気学会会員は，研究開発とその成果の利用にあたり，電気技術が，様々な影響やリスクを有することを認識し，持続可能な社会の構築を目指して，社会への貢献と公益への寄与を果たすため，以下のことを遵守する。 　電気学会も，その社会的役割を自覚し，会員の支援を通じて使命を遂行するとともに，学術団体として公益を優先する立場で発言していく。
			1	人類と社会の安全，健康，福祉をすべてに優先するとともに，持続可能な社会の構築に貢献する。
			2	自然環境，他者および他世代との調和を図る。
			3	学術の発展と文化の向上に寄与する。
事業のあり方	2	(自然および文明・文化の尊重) 人類の生存と発展に不可欠な自然ならびに多様な文明および文化を尊重する。		
	3	(社会安全と減災) 専門家のみならず公衆としての視点を持ち、技術で実現できる範囲とその限界を社会と共有し、専門を超えた幅広い分野連携のもとに、公衆の生命および財産を守るために尽力する。		
業務の進め方	1	(社会への貢献) 公衆の安寧および社会の発展を常に念頭におき、専門的知識および経験を活用して、総合的見地から公共的諸課題を解決し、社会に貢献する。	4	他者の生命，財産，名誉，プライバシーを尊重する。
	4	(職務における責任) 自己の職務の社会的意義と役割を認識し、その責任を果たす。	5	他者の知的財産権と知的成果を尊重する。
	5	(誠実義務および利益相反の回避) 公衆、事業の依頼者、自己の属する組織および自身に対して公正、不偏な態度を保ち、誠実に職務を遂行するとともに，利益相反の回避に努める。	6	すべての人々を思想，宗教，人種，国籍，性，年齢，障害に囚われることなく公平に扱う。

		(公社)土木学会		(一社)電気学会
技術者の努め	6	(情報公開および社会との対話) 職務遂行にあたって、専門的知見および公益に資する情報を積極的に公開し、社会との対話を尊重する。	7	プロフェッショナル意識の高揚につとめ、業務に誇りと責任を持って最善を尽くす。
			8	技術的判断に際し、公衆や環境に害を及ぼす恐れのある要因については、その情報を時機を逸することなく、適切に公開する。
	7	(成果の公表) 事実に基づく客観性および他者の知的成果を尊重し、信念と良心にしたがって、論文および報告等による新たな知見の公表および政策提言を行い、専門家および公衆との共有に努める。	9	技術上の主張や判断に際しては、自己および組織の利益を優先することなく、学術的な誠実さと公正さを期する。
	9	(規範の遵守) 法律、条例、規則等の拠って立つ理念を十分に理解して職務を行い、清廉を旨とし、率先して社会規範を遵守し、社会や技術等の変化に応じてその改善に努める。	10	技術的討論の場においては、率直に他者の意見や批判を求め、それに対して誠実に対応する。
教育	8	(自己研鑽および人材育成) 自己の徳目、教養および専門的能力の向上をはかり、技術の進歩に努めるとともに学理および実理の研究に励み、自己の人格、知識および経験を活用して人材を育成する。		

土木技術者の倫理を考える －3.11と土木の原点への回帰－

		（公社）日本化学会		（一社）日本原子力学会
共通理念	前文	社団法人日本化学会は、化学が、人類の発展と地球生態系の維持とが共存できる社会を築くために必須の科学である事を誇りとし、その会員が、社会における自らの使命と責任を自覚し、良識に基づいて誠実に行動するための行動規範を定める。 　日本化学会会員（化学者および化学技術者）は人類、社会、自らの職業、地球環境および教育に対して専門家としての責務を負う。	前文	日本原子力学会倫理規程は，前文・憲章・行動の手引から構成されている。この倫理規程は，我々日本原子力学会会員が展開する諸活動において，会員一人ひとりが持つべき心構えと言行の規範について書き示したものである。会員は，原子力の平和利用に携わることに誇りと使命感を持ち，研究，開発，利用および教育等のさまざまな分野でその責務を果たすため，常に本規程を自分の言葉に置きなおし，自ら考え，自律ある行動をとる。 人類の生存の質の向上と地球環境維持が課題となる現在，さまざまな技術が開発され進歩している。しかしながら，どのような技術にも，必ず正の側面と負の側面が存在していると同時に，会員の展開する諸活動には，技術だけでは解決できない問題も少なくない。会員は，過去の原子力災禍がもたらした社会への影響を絶えず思い起こし，原子力が潜在的に持っている危険性を十分に認識する。もって常に現状に慢心せず，過去の事例から広く学ぶ姿勢を持ち，チャレンジ精神とたゆまぬ努力をもって，より高次の安全と，豊かで安心できる社会の実現に向けて，積極的に行動する。 本規程は，日本原子力学会の個人および組織の会員を対象としているが，原子力の安全確保と平和利用のためには，本規程がより多くの原子力技術従事者に共有され，本規程に基づいた行動がとられることが必要である。このため，我々会員は，本規程を満たすように自ら率先して行動するとともに，会員，非会員を問わず，原子力技術に携わるすべての個人および組織が本規程に示した精神と行動規範を尊重し，実践するように牽引する。
	Ⅰ	人類に対する責務 会員は、人類の発展に奉仕し、化学・化学技術の知識を進展させる専門家としての責務を負う。 また、会員は、家族、地域社会の人々および人類全体の健康と福祉に積極的な関心を持ち、その増進を図る。		
	Ⅱ	社会に対する責務 会員は、社会における化学・化学技術の役割を認識し、それらを活用する事により社会の利益と福祉に貢献する。 また、会員は、社会に対して化学・化学技術的なことがらについて発言する際に、誇張、歪曲、一面的な表現を避け、正確で客観的であるよう努める。		
			1	（行動原理）会員は，人類の生存の質の向上および地球環境の保全に貢献することを責務と認識し，行動する。

			(公社)日本化学会		(一社)日本原子力学会
事業のあり方				2	(公衆優先原則・持続性原則)会員は，公衆の安全をすべてに優先させて原子力および放射線の平和利用の発展に積極的に取り組む。
業務の進め方				4	(誠実性原則・正直性原則)会員は，法令や社会の規範を遵守し，自らの業務を誠実に遂行するとともに，社会に対する説明責任を果たし，社会の信頼を得るように努める。
技術者の努め	III	職業に対する責務	会員は、化学・化学技術の進歩を追求する一方、その知識の限界を認識し、真実を謙虚に受け止める。また、会員は、自らの専門分野の仕事において常に最新の情報と理解力を保持し、正確な実験・実施記録を保ち、関連するすべての行動と発表において信頼性を確保するよう努めるとともに、他者の寄与についても正確な評価をする。	3	(真実性原則)会員は，最新の知見を積極的に追究するとともに，常に事実を尊重し，公平・公正な態度で自らの意思をもって判断し行動する。
				5	(専門職原則)会員は，専門とする技術の重要性を深く認識し，原子力の専門家として誇りを持って自ら研鑽に励む。また，その成果を積極的に社会に発信し，技術の発展に努めるとともに，人材の育成と活性化にも積極的に取り組む。
	IV	環境に対する責務	会員は、自らの仕事がもたらす環境への影響について配慮し、環境汚染を防ぎ、人の健康と環境を守る責務を負う。また、会員は、自らの化学・化学技術に関する知識を人の健康と環境を守るために用いるよう努める。	6	(有能性原則)会員は，原子力が総合的な技術を要することを常に意識し，自らの専門能力に対してはその限界を謙虚に認識するとともに，自らの専門分野以外の分野についても理解を深め，常に協調の精神で望む。
				7	(組織文化の醸成)会員は，個人の行動が所属する組織の文化に影響されることを認識し，組織の中の個人が倫理規程に則った行動を取るように組織文化の醸成に積極的に取り組む。
教育	V	教育に対する責務	会員は、化学の教育、化学者・化学技術者の育成、および化学の普及に対して専門家としての責務を負う。また、指導的立場にある者は、学生や部下の学習と職業能力の向上に対して社会から信任されている事を自覚して行動する。		

		(一社)日本機械学会		(一社)日本建築学会
共通理念	前文	本会会員は，真理の探究と技術の革新に挑戦し，新しい価値を創造することによって，文明と文化の発展および人類の安全，健康，福祉に貢献することを使命とする．また，科学技術が地球環境と人類社会に重大な影響を与えることを認識し，技術専門職として職務を遂行するにあたって，自らの良心と良識に従う自律ある行動が，科学技術の発展と人類の福祉にとって不可欠であることを自覚し，社会からの信頼と尊敬を得るために，以下に定める倫理綱領を遵守することを誓う．	綱領	日本建築学会はそれぞれの地域における固有の歴史と伝統と文化を尊重し地球規模の自然環境と培った知恵と技術を共生させ豊かな人間生活の基盤となる建築の社会的役割と責任を自覚し人々に貢献することを使命とする
事業のあり方	10	研究対象，研究協力者などの保護 会員は，研究対象を含む研究協力者の人権，人格を尊重し，安全，福利，個人情報の保護等に配慮する．動物などに対しては，苦痛への配慮や生態系への影響を考慮し真摯な態度で扱う．	I	建築技術の継承と伝統文化の崇敬 本会会員は、古来、先人により伝承されている「強・用・美」の理念を涵養し、優れた建築技術の継承と地域の伝統文化を崇敬する。
			VII	地域社会や国際社会への貢献と寄与 本会会員は、会員相互の協力のもとに、他の学術団体や職能集団と協調して地域社会に貢献するとともに、国際社会の発展に寄与する。

		(一社)日本機械学会		(一社)日本建築学会
業務の進め方	3	公正な活動 会員は，立案，計画，申請，実施，報告などの過程において，真実に基づき，公正であることを重視し，誠実に行動する．研究・調査データの記録保存や厳正な取扱いを徹底し，ねつ造，改ざん，盗用などの不正行為をなさず，加担しない．また科学技術に関わる問題に対して，特定の権威・組織・利益によらない中立的・客観的な立場から討議し，責任をもって結論を導き，実行する．	II	安全な建築と良質な都市環境の構築 本会会員は，人間生活を脅かす災害や事故を想定して，誰もが安心できる安全な建築と良質な都市環境の構築に最善を尽くす．
			III	機能的で美しい生活環境の創造 本会会員は，自らの叡智と培った技能を最大限に発揮して，人類の発展と福祉のために，機能性に配慮した美しい生活環境の創造を目指す．
	5	契約の遵守 会員は，専門職務上の雇用者または依頼者の受託者，あるいは代理人として契約を遵守し，職務上知りえた情報の機密保持の義務を負う．	IV	地球環境の保全と持続可能な発展 本会会員は，地球環境の保全と持続可能な発展のために，廃棄物や汚染の発生を最小限として，限られた資源の有効な活用に努める．
	7	利益相反の回避 会員は，自らの職務において，雇用者や依頼者との利益相反を生むことを回避し，利益相反がある場合には，説明責任と公明性を重視して，雇用者や依頼者に対し利益相反についての情報をすべて開示する．		
	9	専門職相互の協力と尊重 会員は，他者と互いの能力の向上に向けて協力し，専門職上の批判には謙虚に耳を傾け，不公正な競争を避けて真摯な態度で討論すると共に，他者の知的成果などの業績を正当に評価し，知的財産権を侵害せず，非公開情報の不正入手や不正使用を行わない．また，複数の関係者によって成果を創出した場合には，貢献した者の寄与と成果を尊重する．		
	11	職務環境の整備 会員は，不正行為を防止する公正なる環境の整備・維持も重要な責務であることを自覚し，技術者コミュニティおよび自らの所属組織の職務・研究環境を改善する取り組みに積極的に参加する．		

		日本機械学会		日本建築学会
技術者の努め	1	技術者としての社会的責任 会員は，技術者としての専門職が，技術的能力と良識に対する社会の信頼と負託の上に成り立つことを認識し，社会が真に必要とする技術の実用化と研究に努めると共に，製品，技術および知的生産物に関して，その品質，信頼性，安全性，および環境保全に対する責任を有する．また，職務遂行においては常に公衆の安全，健康，福祉を最優先させる．	V	学術的中立性に基づく公益情報の共有と発信 本会会員は、学術的な中立性を基本として、自らがかかわる専門の分野における公益性のある情報の共有に努め、積極的に社会へ発信する。
	2	技術専門職としての研鑽と向上 会員は，技術専門職上の能力と人格の向上に継続的に努める．自らの専門知識を，豊かな持続的社会の実現に最大限に活用し，公衆，雇用者，顧客に対して誠実に対応することを通じて，技術専門職としての品位，信頼および尊敬を維持向上させることに努める．	VI	知的財産の尊重と不可侵 本会会員は、公表された学術的成果や特許等の知的財産を尊重し、他者の知的成果や著作権を侵さない。
	4	法令の遵守 会員は，職務の遂行に際して，社会規範，法令および関係規則を遵守する．		
	6	情報の公開 会員は，関与する計画と事業が人類社会や環境に及ぼす影響を予測評価する努力を怠らず，公衆の安全，健康，福祉を損なう，または環境を破壊する可能性がある場合には，中立性，客観性を保ち，自己の良心と信念に従って情報を公開する．		
	8	公平性の確保 会員は，人種，性，年齢，地位，所属，思想・宗教などによって個人を差別せず，個人の人権と人格を尊重する．また，個人の自由を尊重し，公平に対応する．		
教育	12	教育と啓発 会員は，自己の専門知識と経験を生かして，将来を担う技術者・研究者の指導・育成に努める．また得られた知的成果を，解説，講演，書籍などを通じて公開に努め，人々の啓発活動に貢献する．将来を担う技術者・研究者の指導・育成に努める．また得られた知的成果を，解説，講演，書籍などを通じて公開に努め、人々の啓発に貢献する．		

7.「土木」の由来

土木学会では、土木学会創立100周年事業の一環として、2014年11月に「土木学会の100年」を発刊した。同書は土木学会のこれからのあるべき姿を考えるための資料として、土木学会が創立以来社会において果たしてきた役割、現在の姿になった経緯などを整理して記述している。

同書の冒頭「第1部　総論—土木学会が果たしてきた役割—」「第1章　土木および土木工学」に、「1.1『土木』の由来」という記述がある。以下に引用する。

> 「土木」の由来
>
> 　「土木」という言葉は中国においてきわめて古くからあり[1]、現代日本の「土木＋建築」あるいは「建設」に近い意味で使われた例が多い．近年の漢和辞典では左丘明（紀元前5世紀ごろの人）の作とされる歴史書「国語，晉語九」にある「今土木勝，臣懼其不安人也」および紀元前5世紀前後に書かれたとされる思想書「列子，天瑞第1，16章」にある「禾稼土木」を「土木」の出典としている[2]が，明治時代後期の漢和辞典には紀元前2世紀に書かれた哲学書『淮南子』（えなんじ）にある「築土構木」を出典としたものがある[3]．
>
> 　すなわち「淮南子，氾論訓」では，「古者民澤處複穴，冬日則不勝霜雪霧露，夏日則不勝暑蟄蚊虻．聖人乃作，為之築土構木，以為宮室，上棟下宇，以蔽風雨，以避寒暑，而百姓安之．伯余之初作衣也，緂麻索縷，手經指掛，其成猶網羅．後世為之機杼勝複，以便其用，而民得以掩形禦寒．」とある．『淮南子』（楠山春樹，明治書院・新釈漢文大系55）から引用すれば，「昔，民は湿地に住み，穴ぐらに暮らしていたから，冬は霜雪，雨露に耐えられず，夏は暑さや蚊・アブに耐えられなかった．そこで，聖人（宗教家ではなく，知徳が高き人物の意）が出て，民のために土を盛り材木を組んで室屋をつくり，棟木を高くし軒を低くして雨風をしのぎ，寒暑を避け得た．かくして人びとは安心して暮らせるようになった」ということである．この「土を盛り材木を組んで」という部分の原文が「築土構木」という言葉であり，明治時代後期の漢和辞典はこの言葉に「土木」という言葉を結び付けて出典としたのであるが，近年この説は支持を得ている[4]．しかし「土木」という言葉は『淮南子』より

2世紀以上も前の上記『国語』,『列子』に見られ,諸橋轍次の大漢和辞典など近年の漢和辞典ではこれらを出典としている.かつ『淮南子』でも「築土構木」が「土木」となったとは述べていないことなどから「土木」の語源とすることはないとする異論もある[5),6)].これらを出典としている.かつ『淮南子』でも「築土構木」が「土木」となったとは述べていないことなどから「土木」の語源とすることはないとする異論もある[5),6)].

「築土構木」が土木の語源であるかどうかははっきりしないとしても,淮南子にある「築土構木」の故事は「土木」の精神と概念を良く表しているといえる.またこの場合「土木」とは現代の土木および建築を合わせた概念であるということになる.そもそも現代の日本においては「土木」と「建築」を明解に区分するがこれは近代以降の行政・学問においてであり,世界的には例外的な区分である[7)].もちろん社会一般にはほとんど区別されていなかった[8)]ので歴史資料を扱う場合は土木的な内容も建築的な内容も一体のものとして扱う方が自然であろう.

このほかの説として,中国の古代思想から「木,火,土,金,水」の五行が万物の母体であること,また「土」がもっとも品格の高い行とされていたことを示し,「したがって「土木」の組み合わせは,「ものごとの中心(＝土)と「ものごとの始まり(＝木)」という意味を内在しているとの見方も存在する[9)].

一方日本では,『続日本後記』(833年),『日本三大実録』(858年)に「土木」の文字が見える[10),11)].また,平安時代に出されたわが国最初の国語辞典である『色葉字類抄』には,「土木 伎芸 トボク 工匠分 又造作名也」という解説があることから,「土木」という言葉の出現は古い時代に遡ることが紹介されている[12)].さらに,13世紀初頭の代表的な随筆である鴨長明『方丈記』の「世の不思議三(福原遷都)」のくだりには,「(前略)日々にこぼち,川もせ(狭)に,運びくだす家,いづくに作れるにかあらん.なほ空しき地は多く,作れる家は少なし.故郷は既に荒れて,新都はいまだ成らず.ありとしある人は,みな浮雲の思いをなせり.もとよりこの處に居たるものは,地を失ひて愁う.今うつり住む人は,土木の煩ひあることを嘆く.(後略)」とあり,長明は,旧都の荒廃と新都の落ち着きのなさを指摘し,家を建てたり,土地を造成する都づくりのさまを「土木」と表現している[13)].さらに,1729(享保14)年の太宰春台著『経済録』では,「土木」が「普請」と同じ説明とされており,江戸期には少ないながら今日の意味での「土木」の用例があったと考えられる.

明治維新後,政府は1869年に設置した民部官の中に土木司をおくが,

その後 1871 年には「土木寮」，1877 年には「土木局」へ改名されている[14]．このことから，「土木」は明治維新時早々に「市民権」を得ていたといえる．また大学教育にあっても，東京大学の前身である工部大学校の「工学寮学科並諸規則」において 1874 年 12 月には，従来「シビルインジェニール」とあったものが「土木学」に改められているので[15]，「土木」は専門分野にあっても明治の早い時期に概念の確立もなされたようである．

このように「土木」は，古代中国のみならず[16] 日本の古い時代の書物にも見ることができる古い言葉である．そして現代の土木・建築を包含する広い意味で使われて来た，起源もはっきりしないほど基本的な言葉であるとともに，時代の要請のもとで発展を遂げてきたものだ．土木学会が大正時代に創立されて以降，「土木」という言葉については，学会誌上においてもいくたびか議論が繰り返されている[17]．学会創設以来 100 年，土木が大きな役割を果たした工学会創設以来 135 年を迎えた土木学会ならびに土木技術者に課せられた課題はこれからの「土木」を再定義してゆくことである．これまでみたような言葉の由来も，将来を見据えて「土木」の存在意義を更新・確立してゆくにあたって一つの重要な視座となろう．

【参考文献】
ここでは原則として第二次世界大戦以前の文献のみ記し，特に断わらない限り，いずれも土木学会による編集である．
1) 工学，1 巻 2 号，1914（大正 3）年 6 月
2) 古市公威，故古市男爵記念事業会，1937（昭和 12）年，p.280
3) 金関義則：古市公威の偉さ（2），みすず 176 号，1974 年 7 月，p.17
4) 古市公威，会長講演，土木学会誌 1 巻 1 号，1915（大正 4）年
5) 大正 12 年関東大地震震害調査報告書，第 1 巻，土木学会，1926（大正 15）年，B5・188p.＋付図，写真
6) 同上，第 2 巻，1927（昭和 2）年，B5・213p.＋付図，写真
7) 同上，第 3 巻，1927 年，B5・283p.＋付図，写真
8) 東京横浜附近交通調査報告書，土木学会誌 12 巻 2 号，1926（大正 15）年，B5・38p.付図，付表
9) 土木学会鉄筋コンクリート標準示方書，1931（昭和 6）年 9 月，B5・67p
10) 同解説，1931 年 10 月，B5・67p
11) 土木工学用語集－日英独仏，1936 年 11 月，A6・595p
12) 英和工学辞典，丸善，1908（明治 41）年
13) 英和工学辞典（改訂版），廣井工学博士記念事業会，丸善，1930 年 8 月
14) 新英和工学辞典，丸善，1941 年 6 月
15) 明治以前日本土木史，土木学会・岩波書店，1936 年

16) 明治以降本邦土木と外人，A5・295p，1942年
17) 大淀昇一：宮本武之輔と科学技術行政, 東海大学出版会, 1989年7月, pp. 195〜198

定価 1,320 円（本体 1,200 円＋税 10%）

土木技術者の倫理を考える
－3.11 と土木の原点への回帰－

平成 28 年 3 月 11 日　第 1 版・第 1 刷発行
令和　2 年 9 月 23 日　第 1 版・第 2 刷発行
令和　4 年 8 月 31 日　第 1 版・第 3 刷発行

編集者……公益社団法人　土木学会
　　　　　倫理・社会規範委員会　倫理規定教材作成部会
　　　　　部会長　皆川　勝
発行者……公益社団法人　土木学会　専務理事　塚田　幸広

発行所……公益社団法人　土木学会
　　　　　〒160-0004　東京都新宿区四谷 1 丁目（外濠公園内）
　　　　　TEL　03-3355-3444　FAX　03-5379-2769
　　　　　http://www.jsce.or.jp/
発売所……丸善出版株式会社
　　　　　〒101-0051　東京都千代田区神田神保町 2-17
　　　　　TEL　03-3512-3256　FAX　03-3512-3270

©JSCE2016／Ethics and Compliance Committee
ISBN978-4-8106-0880-9
印刷・製本：（株）平文社　　用紙：京橋紙業（株）

・本書の内容を複写または転載する場合には、必ず土木学会の許可を得てください。
・本書の内容に関するご質問は、E-mail（pub@jsce.or.jp）にてご連絡ください。